実践
電力取引とリスク管理

Risk Management of Power Trading

鮫島隆太郎
Ryutaro Sameshima

[目次]

はじめに 4
 『電力取引とリスク管理』との出会い 4
 F-Powerとの出会い 4
 電力ビジネスにおける実践リスク管理 5

1 金融的なリスク管理運営 —— 7

(ア) 金融におけるVaRの運用方法 7
 ① 金融的リスク管理手法の展開 7
 ② 現在価値による損益分布 8
 ③ 短期的な変動リスク算出手法としてのVaR計測 9

(イ) 金融におけるリスク計測と
 電力ビジネスにおけるリスク計測 10
 ① フォワードカーブの共通点と相違点 10
 ② 市場価格を用いた損益把握のタイミングと信頼区間の選定 11
 ③ リスクの期間構造への対応 ——EaRへのアプローチ 13

2 電力ビジネスへの応用 —— 15

(ア) 考えられる課題との整理 15
 ① フォワードカーブに関する課題 15
 ② 管理対象取引・発電資産の特徴 ——収益構造への反映 19
 ③ 取引量に関する課題 ——収益構造への反映 30
 ④ 損益関数の表現方法 ——収益構造への反映 32

(イ) 実務的なソリューションの方向性 33
　①収益構造の把握 33
　②モデルが対象とする粒度 34
　③電力市場における価格シナリオの運営 38

3 F-Powerにおけるアプローチ —— 43

(ア) スプレッドシートによるアプローチ 43
　①日報の作成と運用 43
　②電力ビジネスにおける
　　リスク管理モデルの必要性／役割／活用の意義 51
　③モデルの概要説明 53
　④収益管理機能 54
　⑤収益構造見える化 55
　⑥電力フォワードカーブ作成機能 61
　⑦電力価格シミュレーション機能 67
　⑧VaR計測機能 70
　⑨モデルの限界と課題 71

(イ) リスク管理の高度化
　　——Risk Analysis Workbench(RAW)への展開 73
　①モデルを作成する際の課題や諸前提 73
　②RAWにおける機能の拡充 77

4 VaRを用いたビジネス応用例 —— 91

(ア) 事業計画策定への適用 91
　①将来シミュレーション機能の応用 91

②『収益構造見える化』機能の応用　92
　　③VaR機能の応用　92
　　④シナリオ分析とリスク対応策　93

(イ) 新電力ビジネスモデルへの適用
　　（必要リスクキャピタルの算定）　94
　　①収益の安定性とリスク逓減の可能性　94
　　②収益安定化に向けた実効規模の予測　95

(ウ) リスクリターン分析を用いた経営分析・戦略評価　96
　　①期待損益とリスク値による現状分析　96
　　②市場の変化と収益構造の変化　96
　　③戦略・施策の評価への応用　97
　　④戦略的プライシングへの活用　98

5 今後の電力市場活性化に向けて ― 101

(ア) 電力ビジネスにおける市場活性化の意義　101
　　①市場活性化に向けた関係者の取り組み　101
　　②新規小売電気事業者の現状と課題　101
　　③新規発電事業者の現状と課題　102

(イ) 日本における共通インフラへの展開　126
　　①市場化を展望した際の必要な共通インフラの整備と効用　126
　　②電力リスク管理に必要な共通言語の準備　127
　　③他電力事業者とのコラボレーション　129
　　④市場を前提とした新たな電力ビジネスの安定化に向けて　129

あとがき　131

付録　134

はじめに

『電力取引とリスク管理』との出会い

　本書を書くことになるきっかけは、なんといっても 2003 年 4 月に発行した『電力取引とリスク管理』に他ならない。同書は、Managing Energy Risk : a nontechnical guide to markets and trading を翻訳したものである。当時は、電力自由化に向けた議論や準備が始まり、各一般電気事業者が、市場機能はどのように電力ビジネスに変化をもたらすかといった検討を開始した時期である。当時、自分は興銀第一フィナンシャルテクノロジー社（現みずほ第一フィナンシャルテクノロジー）で市場取引とリスク管理の経験を活かした電力コンサルティングの仕事を展開していた。2001 年 5 月に先の原書を入手した際に、日本の電力自由化にとっていずれ必要となるであろう金融技術を活用する道へ導くガイダンスとして、同書を翻訳することを決めた。海外の電力自由化事例を見聞する限り、見事なほどの金融技術を応用する状況や現実を垣間見て、日本の電力自由化にも必須のテーマであり、技術であると感じたからだ。

　しかしながら、2004 年の夏に自分は金融を後にした。一つの理由は、原油価格高騰を背景にした島国たる日本のエネルギー政策の転換と自由化の展開を目にして、将来像を描く勇気と熱意を失ったからであった。

F-Power との出会い

　自分が再び電力ビジネスに関わるようになったのは、2011 年 1 月からである。F-Power の創始者が自分を誘ってくれた。彼は、自分が逃げるように捨てた自由化の展開に終始こだわり、F-Power という新電力（当時は特定規模電気事業者）を立ち上げていた。そして彼の勇気と熱意に打たれて F-Power に参画した。東日本大震災が起きたにもかかわらず、その勇気と熱意に変化はなかった。むしろかえって熱を持ったに近く、今こ

そ市場化対応の基礎を作るべきと唱え、海外で見聞きしたリスク管理の基盤を日本の事業者で体現しようと発破をかけられた。そこで、まだまだ電力市場が十分に機能しない中、どのようなリスク管理機能や体制作りが必要か、私も真剣に挑戦することとなった。

電力ビジネスにおける実践リスク管理
　この『実践 電力取引とリスク管理』は、先の『電力取引とリスク管理』の実践本の位置づけである。どういった考え方とステップを取れば、日本における電力取引のリスク管理を立て付けられるかについて、F-Powerにおける実例の裏付けを持ってお伝えするものである。『電力取引とリスク管理』の中では、まだべき論であった話をどのように具現化すれば電力のリスク管理に結び付けられるか示すことになる。F-Powerにとって大切な事象を紹介することになる可能性もある中、あえて実践本を世に出すタイミングを得るに至ったのは、再び彼の熱意によるところが大きい。日本における電力市場の育成とそこに参加する関係者に共通の基盤としてリスク管理が浸透することは、何よりも新たな電力業界の力強い発展につながるという信念からだ。彼の期待にどれだけ応えられているかは、本書を読んだ読者が判断していただきたい。本書内容によっては、必ずしもF-Powerにおけるすべてのリスク管理を開示するものではない。しかしながら、我々があえて挑戦する勇気と熱意を認めて頂ければ幸いである。
　そこで、電力におけるリスク管理のあり方を語るにあたって、リスク管理手法の出身地である金融の世界における歩みを振り返るところから進めてみたい。この本は、金融業界における関係者が電力ビジネスをより理解すると同時に、電力業界における関係者が金融技術をより理解することを大きな目標とする。それは、2つのビジネスにまたがる、両関係者の真摯な努力が不可欠だからである。その意味でも、どのように金融の世界でリスク管理が始まり、受け入れられていったか、どういった点でそれが電力ビジネスの世界で応用可能と考えられていったかを振り返ってみたい。

増刷にあたって

　私が F-Power に入社して 10 年。今回、増刷のお話を頂いたタイミングは、F-Power が今後の道筋を考え始める只中でした。増刷の件は大変ありがたいお話と思いつつ、正直、忸怩たる思いでした。

エネルギーフォーラムの編集の方からは、「本書の内容が電力におけるリスク管理の考え方や手法の紹介が主眼であり、会社の経営状態をテーマにしたものではない。よって電力のリスク管理に関する購買ニーズがある間は、読者の要請に応えるのが使命。」との言葉を頂きました。そこで初心を思い返し、多大なご迷惑をお掛けする中、本書の増刷を進めることに致しました。

　2021 年冬の相場高騰を受け、リスク管理が再認識されています。ただ、言うほど簡単ではありません。市場リスク管理が機能するには、本書が伝える管理手法の導入が必要です。一方で、それが機能するには健全な市場設計や運営が不可欠です。また、市場リスク以外に大きな制度リスクは存在しないことが前提です。リスク計量を行うシステム開発や、それを運営する人材・組織体制、加えて会計・税務の社会基盤も必要です。本書は、それらの一つに光を当てたに過ぎません。つまり、リスク管理業務に必要なスキルセットを包括的にカバーする書籍ではありません。

　しかしながら、本書が、電力市場のあるべき姿を目指し、そこでリスクの計量化や管理・運営体制の構築に挑戦する方の一助となれば幸いです。そして、いつの日か、日本における電力取引とリスク管理の完成型が出現し、その実例に基づく応用編や実録編が、広く関係者の知見となることを心から願っております。

鮫島隆太郎

2021 年 4 月

1
金融的なリスク管理運営

㋐ 金融におけるVaRの運用方法

①金融的リスク管理手法の展開

　金融の世界では、1996年にバーゼル銀行監督委員会がリスク管理体制の強化を目的として市場リスク規制（BIS II 規制のひとつ）[1]を公表した。保有する有価証券等の市場変動リスクに備えるために自己資本比率の算定方法を定め、標準化しようとしたものである。本規制は、1997年12月末（日本においては、98年3月末）から適用された。

　この市場リスク規制で規定された自己資本算定方法の中で、統計的なリスク算定方法として、VaR[2]の計測が提唱された。観測する損益分布を正規分布と仮定し、標準偏差を基準とした期待値からの乖離度を『X%VaR』と表現した。その上で、発生確率（100 − X）%における損失予想額をリスク値[3]と定義した。これらの概念は、一定の信頼区間とそれに対応する信頼係数で表現することで、特定の分布情報を示すといった従来からの統計的な概念の応用に過ぎない。

　しかしながら、金融、並びに規制という文脈にあっても、グローバルに活動する金融機関に広く適用される共通概念を整備したものである。使用する用語とそれを用いるコンテクストをグローバルに定義した意義は大きい。主要国間でもバラツキのあったリスク管理の概念や手法を統一化し、グローバルに横比較できるリスク管理の共通言語が用意されたことにな

る。正しい用語と文法を用いると、世界中の金融機関が、同等で同質のリスクを語り、伝えられる基盤が整ったといえる[4]。

これら金融機関で発生したリスク計測やリスク管理言語の共通化の動きは、その後、一般企業の世界においても、内部統制の強化や統合的枠組み作りを通じて同様の展開が始まった。Value at Risk（VaR）を用いたリスク計測やリスク管理手法が、国内外で受け入れられるようになった[5]。欧米における電力業界においても、自らの電力自由化の流れの中では、むしろ自発的に当該手法を受け入れた[6]。電力ビジネスを運営する上で実務的な適用を図ったと考えられる。電力ビジネスが市場を利用する際には、金融的手法を用いたトレーディングやリスク管理手法を積極的に採用した。その中で、自らの収益性を守る必要があったと思われる。またそれと同時に、新しく生じた電力ビジネスに関連するリスクの管理や戦略策定に応用できる可能性を見出したと考えられる。その結果、金融理論の電力ビジネス実務への応用が一段と進むこととなった。

②現在価値による損益分布

BIS II 規制の市場リスクを把握する際には、対象とするポートフォリオの損益をまず現在価値で把握するところから始まる。その上で、当該価値の変動をもたらすリスクファクターによる損益の分布状況を想定する。このアプローチは、保有するポートフォリオに存在する有価証券等の商品が市場で売買が可能である、つまり十分な流動性が存在することが前提にある。その上で、対応する通貨の現物市場である為替・金利市場と先物・先渡市場の間に十分な裁定取引が成立し、現物資産を保有する経済的効果と、将来の一時点で同じ資産を保有する経済的効果が等価であることが保証されていると考える。あるいは、そういったことを目指して、市場参加者の自由な競争が行われていることを前提としている。こういった流動性が確保される際には、より明示的な価格指標が存在することになる。また、それらの価値指標[7]を用いて、当該現物資産や将来資産に共通の単位で価値の

大きさが表現され、それら資産間の価値交換が行われることになる。

　その意味で、各主要国の株式・債券・金利・為替等の金融市場では、短期的・地域的に流動性が欠如する事態が発生する可能性はあるものの、概ね金融理論が成立する前提で経済行為が行われている。一方で、このようなアプローチは、単に理論的な考え方が進展したことを背景に実現したわけではない。それらを実装するコンピューター環境の発達が実務的な対応を可能としたものと考えられる。

③短期的な変動リスク算出手法としてのVaR計測

　金融市場では、十分な流動性と自由な競争の結果として、市場価格機能が様々な効果を発揮する。そのひとつが、保有する資産に発生したと思われるリスクを速やかに顕現化し、取り込むことができるメリットである。具体的には、現在価値ベースでVaRを計測する手法を採用することである。金融取引に関するリスクの顕現化やそれを把握すること自体、規制当局が狙ったものである。そこで、BIS II規制を通じて、リスクの計測手法や公表手法をなるべく早期に標準化することを考えた。そのため、流動性が高い市場を対象に、よりグローバルな規制が求められた。その際には、現在価値ベースの損益分布とその特性を活かしたリスク計測がより有用な手段であったと考えられる。

　しかしながら、金融の世界とは異なる一般企業の事業内容に関して、将来的なリスク量の変化やリスク内容の変化を評価するのは難しい。VaRのように有用な手段を用いても、十分な情報提供を行うことには一段の工夫が必要というのが実感である。特に、電力ビジネスに応用される際には、その商品の特性や運営されている国の制度、技術的制約、それまでの慣習・ルール等を勘案した損益分布を想定しなければならない。このあたりが、金融的手法を電力ビジネスに適用する際の難しさと言える。金融的なリスク管理やトレーディング技術における何を理論的に保持しつつ、どのように実務に応用するかが、市場機能の存在を前提にした電力ビジネスのあり

様や建て付けを考える上での鍵となる。また、それらの作業が、規制のためか、自社業務のためかによっても、求められる精度や標準化の程度も異なるものとなろう。日本における制度設計や規制のあり方は、現在進行形である。こういった状況下にあっては、自社のリスク管理やトレーディング技術の確立を優先しつつ、規制当局への働きかけを進めるのがより現実的な対応と考える。

(イ) 金融におけるリスク計測と電力ビジネスにおけるリスク計測

①フォワードカーブの共通点と相違点

　金融におけるフォワードカーブは、当日のO／N取引（オーバーナイト取引）から始まって、翌日、1週間、1カ月、2カ月、3カ月、6カ月、9カ月、1年、2年、3年、4年、5年等のおよそ市場慣行で定まった期日におけるフォワードカーブが形成されている。金利市場における取引参加者は、短期金融市場から金利先物市場、スワップ市場、国債市場等において、市場取引が成立している価格水準を参照してこのようなフォワードカーブを生成する。これらフォワードカーブは、各期日において現段階で売買できる、金利由来のプロダクトに関する将来資産の価格を示している。[10]

　一方で、電力ビジネスにおけるフォワードカーブは、そもそも明示的に示すことが難しい。電力という商品には、安価で大量に貯蔵できないという宿命的な特性がある上に、短期取引における流動性に限界があることは先に述べた。電力市場が先行する海外においても、期間の長い取引は、容易に流動性を保持することはできない。[11]このような市場が発達する初期の段階においては、フォワードカーブを想定するにあたって、対象商品の特性に応じた何らかのモデルを作成しながら、フォワードカーブの水準を探ることになる。

　加えて、日本卸電力取引市場では、1日を30分単位で48コマに分解し

て値付けを行っている。金融市場においては、1商品の特定期日における代表値を1日あたり1つ選択してフォワードカーブを作成する。それに対して、電力市場の場合は実に48個の市場価格を選択する必要がある。1年先までのフォワードカーブを作成するにあたって、金融市場の場合は、先に紹介した当日のO／N（オーバーナイト取引）から始まる主要な期日における終値を元に、必要な補間作業を行った上で、250営業日に対応するフォワードカーブを生成する。それに対して、電力市場の場合は、48コマ×365日、すなわち17,520個の将来価格をフォワードカーブで何かしら表現する必要がある。特に、モデルを作成するにあたっては、周期的な日次や年間の気温変動、季節性のある経済活動、為替・燃料価格の変動等に対して、相応に相関のある価格水準が表現できている必要がある。このような複雑な事象をフォワードカーブのモデルにおいて再現することは、金融におけるフォワードカーブには存在しない困難を伴う[12]。

②市場価格を用いた損益把握のタイミングと信頼区間の選定

　電力ビジネスの運営、ないしはより一般的、かつ実務的な事業リスク管理運営を考える際に、金融における規制としてのVaRのアプローチと大きく異なる視点がいくつか存在すると考えている。その一つが、信頼区間を選定する場合の考え方である。これは、同規制の観点からすれば、自己資本規制の算定に通常用いられる信頼区間99％といった前提と異なる信頼区間を検討することを意味する。

　金融機関に対する規制の場合は、より広く標準化する、より早めにリスクを検知する、より保守的な損失金額を規制当局としても留意するといった視点が優先されたと思われる。しかしながら、リスクの発生確率1％[13]の意味合いは、日次で現在価値における損益分布を計測した際に、年間250営業日のうち2.5日程度、当該損失予想額を上回る損失が発生するという意味合いになる。つまり、将来にわたって契約したり、保有したりしている取引の潜在的な損失金額の規模を現在時点で認識し、その大きさに見合

ったリスクキャピタル[14]を用意するという発想である。

　しかしながら、電力を始め多くのビジネス[15]では、十分に売買可能な市場取引や流動性のある資産を対象に運営しているわけではない。むしろ、ほとんどの場合、十分な市場取引は不可能であり、流動性は期待できない。信頼のおける価格指標があるわけでもなく、リスク管理を実現するためには、相応の工夫が求められる。その意味で、金融的なリスク計測の手法を適用する際には、ある程度の市場機能が発達していることは最低限な要件である。つまり、多くのビジネスにおいて金融的なリスク管理を適用する際の問題点は、十分に市場機能が発達していない段階においてリスク管理手法を適用する難しさであり、その中でのトレーディング技術を運営することになる。

　そこで、流動性が低い市場ビジネスにおいては、その実情に応じたリスク計測期間を考える必要がある。その際に、流動性が低い商品取引のゆえにリスクが高いと考えられ、より大きな信頼区間（例えば、99.999％等）に基づいたVaRを採用するべきといった議論がされる。しかしながら、電力ビジネスを運営するリスク管理の現場としては、むしろ逆のアプローチに意義がある。数十年に一度起きるか起きないかといった損失額を想定して、やたら大きなリスクキャピタルを用意するよりも、日々や月々のオペレーションにおいて把握できる損益金額に対して、対比可能なリスクキャピタルの水準をまず意識すべきと考えたい。その上で、損失額の規模が大きくなることが想定される際には、早めにリスクキャピタルの用意を促すことが、より実務的である。このアプローチが可能なのは、市場が未成熟である段階においては、現在価値ベースの損失額把握が困難であることによる。つまり、市場が未発達であるがゆえに、将来にわたる市場変動の影響については、直接的に現在価値ベースの損益で表現することができない。その結果、損失の発生状況を現在価値ベースで把握しないなりに、将来に発生する可能性を早めに探り、その間にリスクキャピタルを用意することになる。ある意味で、市場が未成熟であることを逆手に取ったアプロ

ーチともいえる。

　ただし、このようなオペレーションを行うためには、流動性が低いといえども、日本卸電力取引所（以下、JEPX）[16]の前日スポット市場において発生する損益を日々把握する必要がある。つまり、総需要家の需要量から発生する売り上げに対して、発電量や市場経由の電力調達量から算出される総費用を控除し、粗利益を日々計算することになる。その上で、販管費等を控除した経常利益ベースの損益額を日々、ないし月次で把握する体制が不可欠となる。このような運営を行いつつ、日々の損益の推移やインパクトを測り、意味のある信頼区間とそれに基づいた VaR の値を運営していくことが、電力ビジネスにおけるリスク管理の第一歩であり、市場機能が未熟な段階でも可能なアプローチと言えよう。[17]

③リスクの期間構造への対応——EaRへのアプローチ

　電力ビジネスにおいて、金融における規制としての VaR のアプローチとは、もう一つ大きく異なる点がある。それは、月毎や季節毎に定期的に変化する電力需要や供給のパターンが、ビジネスそのものの特性として内在していることである。そのため、月毎や季節毎に変化する損益の出現パターンを的確に、かつ事前に把握し、リスク管理のフレームワークの中で表現する必要がある。金融的なリスク管理の場合には、現在価値ベースの損益分布と同分布におけるリスク値を計算することで、ポートフォリオ全体のリスク管理を実現しようとするアプローチである。それに対して、電力におけるリスク管理は、将来にわたる収益構造の変化をテーマにしている点で、リスクを見る際の枠組みが大きく異なっていることがわかる。

　もっとも、金融においても、足許に集約した現在価値ベースの一時的な損益分布にとらわれず、期間対応した資産と負債の吻合状況を考えながら、対象期間におけるポートフォリオの時間的な収益性の変化を把握しようとするアプローチがある。[18]その中に、金利水準の変化に応じた期間損益の変化を分布で表す、いわゆる Earning at Risk（EaR）と呼ばれる分析手法

がある。金融の世界における EaR は、特定の期間に発生する金利収支を中心に各種損益を把握し、金利を主要なリスクファクターとした期間損益の分布を作成することになる。発展系として、一般企業における EaR は、同様な期間損益を測定しつつも、主要商品・材料の価格変動に始まり、気温や為替・燃料・景気動向・消費者行動等をリスクファクターとして、損益分布を作成する。こういったアプローチを電力ビジネスに応用すると、毎月の損益の出方を表す『収益構造』を想定しつつ、それに対する電力価格の分布を当てはめることで、特定の期間に対する期間損益の分布を測定することになる。

　ここで言う『収益構造[19]』とは、各月における需要量の大きさを一定の時間単位で予測し、それに応じた多様な発電資産（JEPX 市場からの調達や電力購入契約を含む）を用いて同時同量[20]の電力調達の状態を作り出すことから考えるアプローチである。その上で、同時同量の状態を作成する結果として計算される損益状況について、PX 価格の関数で表現することである。本手法を用いることで、市場を前提として電力ビジネスを取り扱う際に、対象ポートフォリオの収益性や収益に関する課題等を事前分析したり、将来予測したりすることが可能となる。また、このように期間展開した収益構造について把握することを最初のステップとしながら、次の段階として PX 価格の変動性を加味することができれば、当該電力ビジネスが抱えるリスクの期間構造を理解する道筋に一歩踏み出すこととなる。

2 電力ビジネスへの応用

第1章においては、金融の世界における一般的なVaR運用を行う上での前提と、それとは異なる運営が必要となる電力ビジネスの世界との違いについて簡単に触れた。そこで、本章においては、金融で開発されたリスク管理やトレーディング技術を電力ビジネスに応用するにあたって、改めて認識すべき課題を整理したい。

(ア) 考えられる課題との整理

①フォワードカーブに関する課題

電力ビジネスにおけるフォワードカーブを取り扱う難しさについて、第1章(イ)①フォワードカーブの共通点と相違点で既に簡単に説明した。つまり、金融市場の場合と異なり、1日あたり48コマの市場価格を扱わなければならないこと、その結果、1年で17,520個の将来価格をフォワードカーブで何かしら表現する必要が生じることになる。

フォワードカーブのモデル選定

まず、その多数の将来価格について、フォワードカーブとして妥当な水準を探る難しさに直面する。フォワードカーブの理論的な枠組みは、将来価格を予言することではなく、現在においてある将来時点に取引を成立することができる価格を示すことにある。電力市場において、十分な取引が

先渡・先物市場で成立していれば、正しく『現在において、ある将来時点に取引を成立することができる価格』が存在することになり、フォワードカーブを作成する材料になる。しかしながら、先渡・先物市場が未成立な際には、何らかの理論的なモデルを手元で作成・運用しつつ、市場がより成熟していく過程において価格水準を想定する手段として同モデルを活用することになる。

　1つの典型的なアプローチが、電力市場の需給構造を反映したファンダメンタルモデルを作成するものである。これは、需要の価格弾力性はほぼゼロとする電力需要曲線を想定する一方で、市場に投入可能な全発電所について限界コストが小さい順に発電供給量を積み上げる手法である。これにより電力供給曲線を作成し、将来時点における需給均衡点を予測しようとするものである。ただし、このアプローチの限界は、市場に投入される発電設備情報と関連する系統連系の情報を対象時間帯に関して、全てモデルに取り込む必要があることである。つまり、情報開示がかなり進まなければ、信頼度の高いモデルが作成できない点にある。また、実際の設備情報や混雑状況を再現するような系統連系モデルの作成自体も、真に再現できているかどうかの検証が難しく、理想を追いかけた結果が良好であるとは必ずしも言い切れない点である。

　そこで、2つ目のアプローチとして、マーケットアプローチがある。この手法は、実際に成立している電力価格の水準が、火力発電に依存していることが大半であると考えることから始まる。まず、為替効果を勘案した燃料フォワードカーブをベースにする。一方で、石炭・LNG・石油の発電効率から算定する限界コストと、将来時点に応じた市場の需給均衡点に近いマージナル電源の限界コストを比較調整する。その上で電力フォワードカーブを作成しようとするものである。このアプローチの利点は、為替・燃料データに加えて、JEPXで観測される前日スポット取引の過去データや、全国電力需給に関する大まかなデータを用いれば、フォワードカーブの推定が可能なことである。つまり、全国大の発電設備情報に依存しない

点である。

　いずれにせよ、フォワードカーブを作成するにあたっては、日本の電力設備や需要特性を反映した何らかのフォワードカーブモデルを構築する必要がある。

フォワードカーブの形状表現

　次に、電力ビジネスにおけるフォワードカーブは、扱わなければならないフォワードカーブの形状をいかに表現するかといった問題にぶつかる。通常、金融市場でフォワードカーブを作成する場合には、市場で成立している価格情報を入手し、時系列に同カーブを作成していく。つまり、O／N取引（オーバーナイト取引）、翌日物、1週間物、1カ月物、2カ月物、3カ月物、6カ月物、9カ月物、1年物といった先物取引の価格を考慮して、短期間のフォワードカーブから順番に作成していく。

　同様な手法を電力市場に適用するとなると、例えば夜中の0：00〜0：30の時間帯で発生している価格から順番に48時間帯の価格を時系列につないでいくことになる。この発想でフォワードカーブを生成すると、夜間や朝方は気温が低いことから、電力価格は通常低い値段となり、昼間に向けて高くなり、季節によっては最高気温が発生する時間帯に最も高い値段、別の季節によっては電灯や炊飯需要が高まる夕刻に最も高い値段が付くようになる。その後、夜間時間帯になって、再び低い値段になる。このような電力の市場価格に関する周期性が基本的に日々発生する中で、平日・土曜・休日といった1週間の価格変動や、気温変動に沿った四季の周期性も、電力価格の商品特性として併存することになる。

　これらの周期性について、時系列に並べた1本のフォワードカーブとして把握するアプローチに対して、各時間帯に応じてフォワードカーブを把握するアプローチを採用してみる。そうすると、時間帯ごとに異なる価格特性を各フォワードカーブの属性として個別に管理・運営する発想になる。つまり、時系列に並べた1本のフォワードカーブとして把握するのではな

く、48 本のフォワードカーブを保有して、各時間帯の将来価格を同 48 本のフォワードカーブの組み合わせで表現しようとするアプローチになる。このアプローチの利点は、日々の周期的な価格変動は、他の周期性から分離されて表現されることになり、大方、時間帯毎の気温変動に相関する電力価格の変動になることである。つまり、同時間帯毎に横串でフォワードカーブを把握することになるため、1日毎の価格変動がよりマイルドになり、価格水準も安定した表現になる。

フォワードカーブの中心回帰性

　前節で日毎の周期性や週間の周期性、季節の周期性の話に触れた。電力価格の特性として、火力発電をマージナル電源として市場が取り扱う限り、火力電源の発電効率が当該電源の限界コストを規定することになる。従って、電力価格自体が火力発電において技術的に制約のある限界コストから乖離して成立することは、長期にわたって成立しにくい特性が存在している。これが意味することは、需給要因が電力価格の水準を大きく左右する状況においても、必ず技術的に制約のある限界コスト相当の電力価格に収斂しようとする特性が存在することである。つまり、一定の頻度で電力価格が振幅する一方で、価格が乖離した際には当該限界コストの水準に戻ろうとする現象をフォワードカーブモデルで表現する必要がある。

　為替や金利といった金融商品では、需給の構造やそれを規定する経済構造が変化すると、レジームチェンジと称して、価格水準が構造的に推移し、その後元の水準にしばらく戻らないといった現象が観察される。電力の場合は、確かに原子力発電の離脱や再稼働といった根本的な需給構造の変化のように、為替や金利の場合に準ずるような環境変化も考えられる。しかしながら、このような中心回帰性の理解は、フォワードカーブのモデルを作成する上で、電力価格の特性として強く意識される必要がある。

2　電力ビジネスへの応用

フォワードカーブにおけるジャンプの取り扱い

　電力価格のフォワードカーブを検討する際に、中心回帰性に加えてもう一つの課題について整理しておく必要がある。それは、需給が逼迫した際に端的に出現するスパイク性の価格ジャンプである。電力の場合、電気が作られて需要家に届くまでは、物理的に限定された送配電網や系統連系網の上で運営される。それらのネットワーク上では、一定の周波数や電圧が保たれ、同時同量という発電と電力消費が常にバランスする状態が保たれている。つまり、その状態を作り出すために、効率的な設備利用を意識しながら、市場が該当時間帯の電力単価を事前に定めようとしているものと考えられる。特定の時間帯の需給が大変タイトになると予想されれば、突然高い価格が発生する現象が電力の特性と考えられている。つまり、需要の伸びに発電がタイムリーに追いつかない状況が想定されると、価格感応度が低い財である電力の価格は急上昇することがある。この現象はジャンプと呼ばれる。その際に、価格上昇によって需給のバランスを回復させようとする仕組みが働き、需給バランスの必要性を適切に市場関係者に知らせるシグナルが市場を通じて発せられる。

　そこで、このジャンプの特性を何らかのルールを見出してフォワードカーブに反映させる必要がある。季節や時間帯に応じて一定の確率で発生するジャンプの特徴をどのように表現するか、あるいはいったんジャンプが発生した際に、隣接する時間帯との関連性や翌日の同時間帯との関連性をどのように表現するかといった観点が課題となる。

②管理対象取引・発電資産の特徴　──収益構造への反映

金融におけるオプション取引

　市場価格が変化することにより保有する資産価値が変動する状況について、金融の世界ではポジションとして認識する。これは国債や短期金利、スワップといった金利商品であれ、株式であれ、為替であれ、考え方は変わらない。そして、こういった損益状況に関して、市場価格を説明変数と

し、損益を目的変数とする損益関数で表す。グラフで表せば、X軸で市場価格の変動をY軸で損益の変動を表現し、そのXY面に先の損益関数を表示する。多数の取引を行ったとしても一つ一つの損益関数を合成することで、取引サイズを加味した合成関数を作成する。その結果、自らが保有する資産の価値変動を把握することができ、将来にわたって価格が変動した際の損益状況を予測することができる。従って、当該合成関数の傾きが市場価格の変動に対する変化のしやすさを表すこととなり、デルタ[31]といった感応度を使ってその変化のしやすさの程度を認識する。多くの場合、金融取引を＋1単位購入した際には、このデルタは＋1を示し（つまり傾き＋1、図1　買いポジションの損益関数参照）、販売した際には、△1（つまり傾き△1、図2　売りポジションの損益関数参照）となる。損益関数でいえば、前者は傾き＋1の一次関数であり、後者は傾き△1の一次関数である。そして、X軸とそれら1次関数との交点が当該金融取引を売買した際の価格であり、約定価格（または、持ち値）となる。

　この基本的な考え方としての損益関数の変形が、金融でいうところのオプション取引となる。オプション取引とは、購入する、ないし販売する権利を売買する取引のことである。電力ビジネスに造詣の深い方々には耳慣れない用語になるかもしれない。しかしながら、電力ビジネスにおける発電資産や契約の価値評価には不可欠な概念になることから、我慢してお付き合い頂きたい。まず、コールオプションという取引形態から説明したい。これは、特定の価格で購入する権利を取引するものである。この権利を買った場合はロング、売った場合はショートといって売買した後のステータスを表現する。従って、ロングコールといえば、特定の価格で購入する権利を買ったことを意味する。この際の損益関数は、特定の価格（a円）を折り返し点とする『ゴルフヘッド＋シャフト』の形状をした関数になる。（図3　ロングコールの損益関数参照）この特定の価格は、金融におけるオプション取引の世界では行使価格と呼ばれる。

　この損益関数が意味するところは、市場価格がa円より小さい際には損

2 電力ビジネスへの応用

図1 買いポジションの損益関数

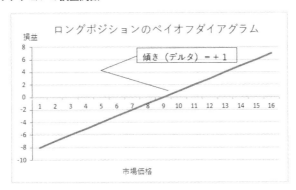

図2 売りポジションの損益関数

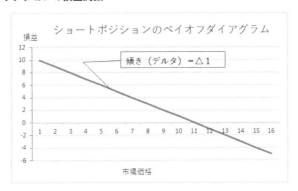

図3 ロングコールの損益関数

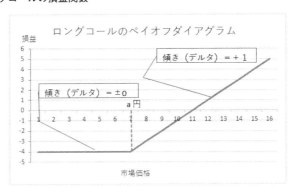

益が一定であるものの、市場価格がa円より大きくなれば収益が生まれる状態にあることである。金融においては、例えばドル／円為替取引の場合、ドルの対円価格が100円／ドルより円高・ドル安にある際には何ら損益が生まれないものの、100円／ドルより円安・ドル高に進んだ際には100円／ドルでドルを購入できる権利を保有することになる。従って、100円／ドルより円安・ドル高に進んだ場合、その際の為替相場でドルを売却するとその売却価格とa円／ドルとの差額が売却益となる。こういったオプション取引を金融の世界では行うことがあり、オプション取引を用いて自ら保有する資産の収益性を変更したり、管理したりする手立てとなっている。その際には、コールオプションの購入（つまり、ロングコール）以外にも、コールオプションの売却（行使価格で購入する権利の売り、ショートコール）、プットオプションの購入（行使価格で販売する権利の買い、ロングプット）、プットオプションの売却（行使価格で販売する権利の売り、ショートプット）といった契約も組み合わせて締結することがある。それにより、損益関数の形状、すなわち損益関数の傾き（いわゆるデルタ値）をコントロールする。もちろん、こういった特殊な取引を購入するためには、それなりの代価を支払う必要がある。これはオプション料と言われる。先のコールオプションの場合、その権利を行使できる期間や期限、加えてその際の市場価格と行使価格（先の為替の例では、a円／ドル）との開き具合によって、このオプション料の値段が異なってくる。また、オプション取引に対する需給状況によって、当然価格が上下する。市場の需給に応じて価格が決まるのは、オプション料も同じである。

電力ビジネスにおける損益関数の応用

　こういった金融における様々な損益関数の手法を電力ビジネスに取り込むことは、電力トレーディング、及びリスク管理の体制を整える第一歩になる。その結果、市場価格で左右されるようなあらゆる電力ビジネスは損益関数で表現できると考え、逆に表現できるように管理することになる。

2 電力ビジネスへの応用

図4　Must Run電源のペイオフダイアグラム

　これは、拙訳『電力取引とリスク管理』（2003年6月、エネルギーフォーラム刊）で以前に伝えたかった大事なメッセージのひとつである。
　まず、傾き＋1の1次関数として表す典型的な電力ビジネスは、水力発電や石炭火力発電のようなMust Runタイプの電源である[32]。電力1kWhを追加的に発電する際の費用を発電に際する限界コストと考えると、Must Run電源は一定の限界コストで発電をし続け、市場価格の変動に合わせて発電を停止したり、再開したりすることが容易ではない電源を想定している。この場合、限界コストの水準が損益関数のX切片となる傾き＋1の1次関数で表現され[33]（図4 Must Run電源のペイオフダイアグラム参照）。個別の水力発電や石炭火力発電が、季節や時間帯によって限界コストが異なる際には、損益関数を季節や時間帯によって区別して運営することが理想的である。ただし、『収益構造見える化』という収益の生まれ方をシミュレーションするためのモデルを作成するにあたっては、どういった時間粒度でモデルを作成するかが課題となる。従って、季節や時間帯で区別する損益関数の運営も、採用する時間粒度に応じて、またその時間帯で供給できる発電量による加重平均をとることで、当該時間帯を代表する損益関数に修正することが必要となる。
　一方で、他社からの電気を固定価格で調達する際にも、こういった傾き

＋1の1次関数として表すことができる。ただし、従量料金と基本料金の二部料金制で契約されることが多い。その際には、基本料金部分を『収益構造見える化』モデルの外枠で計算・管理するアプローチと、基本料金部分を契約内で使用されるkWhの大きさで案分して『収益構造見える化』モデルの中に取り込むアプローチが考えられる。先のMust Run電源の場合も、固定費部分を同様に外枠管理するか、当該発電設備から出力されるkWhの大きさで案分するか検討する必要がある。[34]

次に、傾き△1の1次関数として表す典型的な電力ビジネスに需要家への電力販売がある。需要家への電力販売の多くは、現状、従量料金と基本料金の二部料金制である。これも季節や時間帯、エリアごとに多様な電力料金が設定されている。[35]理想的には、なるべく個別の電力販売契約に即して、先の傾き△1の1次関数で表現するのが理想である（図5 電力販売におけるペイオフダイアグラム参照）。しかしながら、件数や料金体系が増えてくると、個別の電力販売契約に即して1次関数を管理することが難しくなる。先のMust Run電源の場合と同様、『収益構造見える化』モデルで採用する時間粒度に応じて、またその時間帯で販売する電気の供給量による加重平均をとり、当該時間帯を代表する損益関数に修正するといった工夫が必要となる。また、X軸における切片は、基本的には従量料金相当となる一方で、基本料金の効果を『収益構造見える化』モデルに入れ込むか否かも、先のMust Run電源の場合と同様である。[36]

また、傾き△1の1次関数として表す電力ビジネスの応用として、発電事業者としての損益関数を考えてみる。水力発電や石炭火力発電等のMust Run電源で電力を第三者に固定価格で供給する場合がある。既にお気付きのことと思うが、こういった発電事業者のビジネスモデルを考えると、先のMust Run電源から電気を購入する損益関数を描いた上で、需要家等の販売先に電気を販売する姿に整理される。すなわち、＋1の1次関数をもってMust Run電源を通じた電力調達を行い、△1の1次関数をもって需要家に電力を販売することになる。その結果、調達・販売を合

2 電力ビジネスへの応用

図5　電力販売におけるペイオフダイアグラム

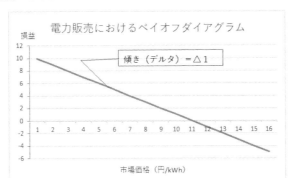

図6　合成関数としてのペイオフダイアグラムの例

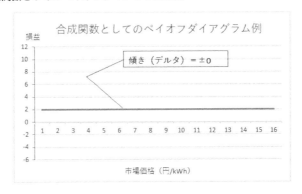

わせた効果が合成関数のy切片に損益として示され、その金額が損益として手元に残ることになる（図6 合成関数としてのペイオフダイアグラムの例参照）。

　このように考えると、1次関数による表現としてのロング、ショート、それに対して、先に説明したロングコール、ショートコール、ロングプット、ショートプットを加えた計6種類の損益関数（図7参照）で電力ビジネスの収益性の表現が可能であり、その選択肢で表現しようと試みるのが、『収益構造見える化』の作業といえる。

さて、それではロングコールのオプションとして表現される典型的な電力ビジネスはどのようなものであろうか。それは、市場の価格変動に合わせて運転を変えることができる電源ということになる。自らの発電限界コストより市場価格が高い時には、電源をONにして市場価格対比で有利な運転を継続し、自らの発電限界コストより市場価格が低い時には運転しない。こういった電源は、いわゆる市場価格に合わせて運転の稼働を調整できる典型的なMiddle電源[37]と呼ばれる。その際の損益関数は、典型的なロングコールの形状になる。ただし、固定費効果を反映させる場合には、定格出力や実際の出力状況に合わせてkWh案分した費用を損益関数に織り込むことになる。これは、先のMust Run電源の場合と同様である。

　また、このロングコールを使った表現方法は、より柔軟な発想をもって実務に適用することが重要である。例えば、1発電設備でも電源を複数保有していたり、それによって発電効率が異なる場合や多段階に調整したりすることができる場合がある。その際には、あえて複数のロングコールに分解して表現するように心がけるとよい。また、市場価格が高騰した際にのみ稼働するPeak電源の表現の仕方もMiddle電源と同様である。ただし、従量料金はかなり高めになるかもしれない。また、固定費負担を反映すればロングコールの損益関数の位置取りは、より下方にシフトし、X切片の値は高めにシフトする。この損益関数とX軸の交点であるX切片は、当該損益関数を保有する契約や保有資産に対する損益分岐点を表している。つまり、X切片が示す価格水準を巡って、損益がプラスからマイナスに、あるいはマイナスからプラスに逆転することがわかる。損益分岐点の高低を認識することができるのは、『収益構造見える化』の大きなメリットであり、特徴である。

　Peak電源の応用例としてデマンドレスポンス[38]がある。周波数調整や特定のエリア需給調整のニーズから要請されるデマンドレスポンスの場合、市場価格の水準と必ずしもリンクしないケースも考えられる。しかしながら、市場価格の高騰時に要請されるデマンドレスポンスはロングコールで

2 電力ビジネスへの応用

図7　6種類の損益関数

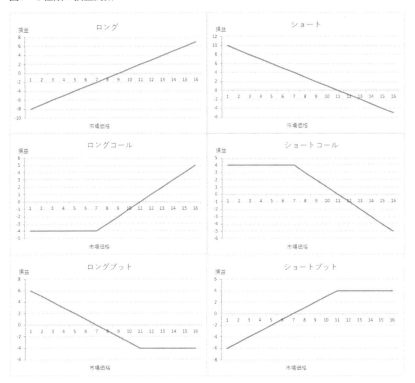

図8　Middle電源の損益関数

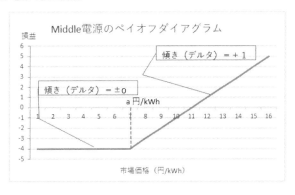

表現される候補である。候補というのは、デマンドレスポンスによって、電力使用における抑制量が確実に見込める際には、先のロングコールの効果を『収益構造見える化』モデルに織り込むことができよう。しかしながら、確実な抑制量が見込めない際には、ある程度の予想量を反映させることになり、Peak 電源のような確度の高い損益関数としては期待できないかもしれない。

このように、先の6つの関数を多様に組み合わせることで、今後想定される新しい電力ビジネスモデルや市場連動等の契約形態を『収益構造見える化』モデルに反映するよう工夫することになる。最終的には、これらの損益関数を合成することにより、対象の時間帯における市場価格の収益感応度を見ることができるようになる。それが、『収益構造見える化』モデルが目指す姿である。

発電資産のオプション性

損益関数を通じて金融におけるオプションの概念を電力ビジネスに応用する際に、もう一つ考えておきたい点がある。それは時間的価値である。これまでの損益関数の形状は、最終的に電源を ON ／ OFF する際に期待できる損益状況を表してきた。最終的な損益状況を表しているという意味

図9　ロングコールのペイオフダイアグラム

で、金融の世界ではペイオフダイアグラムと呼ばれる。このペイオフダイアグラムで示される価値（図9の灰色部）は、本源的価値[39]と言われる。一方で、金融で採用されているオプション理論では、時間的価値[40]（図9の縦線部）を考える。そもそも最終的な損益状況が決まる以前の段階では、市場価格がどういった水準に収まるかわからない。そこで時間的価値の存在は、最終損益が未確定である分、確率的な価値が上乗せされていると考えることに由来する。この価値は、市場価格の水準が行使価格からどれだけ離れているか、また最終損益が決定する時刻にどれだけ近いかによって大きさが異なると考える。そういった考え方を納得感ある形で表現してくれるのが、ブラック・ショールズ等のオプション計算式になる。金融の場合は、理論値としてのオプション価値を事前に取引するニーズが高いため、この時間的価値も含めたオプション価値をオプション料として売買する。

　一方で、この概念を電力ビジネスに応用するにあたっては、利用目的をよく考えて応用する必要があると考えている。電力ビジネスの収益構造を見える化させるためには、まず本源的価値に注目する必要がある。それは、理論的な時間的価値を実現できるかどうかは、発電オペレーションを巡る様々な制約を乗り越えて実現できるかどうかにかかっており、時間的価値の実現度合いで、その発電資産の価値や運営体制の良し悪しが決まるからである。つまり、結果的に決まる追加的価値の性格が強い。

　追加的価値を実現する具体的な運転方法とは、市場価格が自らの発電に関する限界コストより市場価格が安い際には運転を止めて市場から調達し、高い際には発電を行って電気を供給するというオペレーションである。このような市場価格の変動に対して柔軟なオペレーションが技術的にも運営体制的にも可能であり、それが実績的に見ても十分期待できるなら、時間的価値ありとして本源的価値に上乗せして評価するアプローチが考えられる。あるいは、特定の発電設備の将来価値を評価する場合には、そういった柔軟性が備わった一組の発電資産として評価するのが、潜在的発電ビジネスを評価する考え方といえる。

このような観点で発電ビジネスを把握する考え方が、Asset Optimization & Trading（AOT）[41]と呼ばれる。市場機能と併用することで、発電資産が保有する潜在的価値を最大限引き出そうという考え方である。この考え方の延長線で、バリューチェーンの中に内在する市場機能、例えばガスビジネスやガス市場との組み合わせで保有する資産の価値を引き出そうというアプローチがある。市場機能との兼ね合いで、保有する資産の価値を最大化するアイデアは奥が深い。ある意味で、世界中のいずれのエネルギー会社もチャレンジするテーマといえよう。

③取引量に関する課題 ──収益構造への反映

電力ビジネスに損益関数を適用する際に、もうひとつ乗り越えなければならない課題がある。既にこれまでの説明で何度か触れているが、それは量の問題である。

金融ビジネスの場合、特にトレーディングを扱う際には、こういった損益関数で自らのポジションのあり方を表現するにあたって、量的な制約をあまり意識せずに運営している[42]。一方で、金融以外の多くの事業では、取り扱う商材の量的な特性や制約を織り込まざるを得ない。電力ビジネスもその一つである。例えば、電気の供給契約では、需要家に対して電力を販売する際に、契約電力という使用できる電力量の上限を課している。発電する際にも、該当する発電設備の定格出力以上の発電を期待することはできない。それらを超える電気の量を取り扱うとなると、タイムリーな電力の実需要や実供給を手当てするか、市場からの調達や市場への販売を行うといった手段が必要となる。

電力需要に伴う販売量の取り扱い

まず、需要家の使用電力量について、どのように『収益構造見える化』モデルに反映するかといった課題がある。電力広域的運営推進機関（以下、広域機関）に参加している小売電気事業者であれば、需要家の電力使用量

をロードカーブとして見積もった上で、計画値として提出する作業を行っている。[43]電力市場の取引が許されるゲートクローズ[44]のタイミングに向けて、より精度の高い需要見積もりを小売事業者は行う。計画値に対する最終的なミスマッチは、インバランス[45]として処理されるが、より長期の需要予測から当日1時間前までの需要予測をどのように行い、その予測結果をどういった粒度で『収益構造見える化』モデルに反映するかを考える必要がある。この際の粒度に関する課題とは、最小時間単位をどうするか、地域的な単位や需要家のグルーピングをどうするかといった話になる。これは、『収益構造見える化』モデルが対象とする期間との兼ね合いで検討する必要がある。つまり、粒度と対象期間次第で計算量が膨大になるからである。また、1年を超えるような長期の需要予測を行うとなれば、1年契約が多い今日の電力契約環境を考えた、契約の継続や新規契約の獲得シナリオを反映する必要がある。

電力調達に伴う調達量の取り扱い

　次に、発電や電力調達側の電力量をどのように把握して、『収益構造見える化』モデルに反映するかといった課題がある。発電事業者が、広域機関に対して発電計画を日々、あるいは定期的に提出している業務に関しては、計画値同時同量を運営するといった点で小売事業者と同様である。発電設備には定格出力、電力調達の契約には契約電力がある。これはある意味で電気事業者が特定の発電設備から電力を調達しても最大限の量が規定されていることになる。これらの能力を超えて電気を調達することはできないものの、各発電設備や契約電力に関して調達先が提出する計画を『収益構造見える化』モデルに反映することで、およそ正しい調達状況を表現することになる。また、『収益構造見える化』モデルに対して1年を超えるような調達予測を行うとなれば、電源や契約の継続シナリオ、並びに新規獲得シナリオを設定する必要性も生じる。また、これらの発電設備や契約電力を『収益構造見える化』モデルに反映する際の粒度については、通

常は設備単位や契約単位で取り扱い可能と考えている。しかしながら、大規模な太陽光発電ならまだしも、より規模が小さい太陽光発電はどの程度の粒度で『収益構造見える化』モデルに反映するか考える必要がある。また、日照のあり方は天気やエリアで異なり、一方で発電効率等でもグルーピングする必要があるかもしれない。

　いずれにせよ、標準的で規格化した電力量が運営できたり、調達できたりするわけではないことから、金融、特にトレーディング業務のような確定量に基づくビジネス設計は難しい。変動する需要量や調達量、その差し引きとしてのギャップ[46]が時間帯ごとに変動する上、次の瞬間には予測と異なる電力量の過不足が現実に発生するといった電力ビジネスにおいて、取引量の扱いは大きな課題である。

④**損益関数の表現方法 ──収益構造への反映**
　損益関数の形状を特定し、取引量の表現が固まれば、需要側、並びに調達側毎に各損益関数を合成してみる。あるいは、需要側も調達側も合わせて合成しても構わない。その際には、先の課題認識を通じて定めた各種粒度に応じて、需要の損益関数では傾きがマイナス、調達の損益関数では傾きがプラスの損益関数を適用する。加えて、それぞれの取扱量に応じた加重平均を行って合成することになる。また、その合成関数を作成する際には、先のオプション性を考慮して、想定する市場の価格水準に対して電源の運転がONかOFFかといった判断を反映する必要がある。この運転の可否を判断するために、市場の価格水準としてフォワードカーブを用いることになる。

　こういった加重平均やオプション性の適用は、『収益構造見える化』モデルを構築する際に採用した粒度や期間に依存し、それによって全体の計算量が左右される。また、その後の各種分析も、こういった粒度や期間によって制約が生じる。従って、『収益構造見える化』モデルにおける各種課題については、そもそもの粒度や期間をいかに設定するかによって、モ

デル構築の難しさやアプローチが変わってくる。

(イ) 実務的なソリューションの方向性

①収益構造の把握
ギャップの認識

　『収益構造見える化』のプロセスを通じて合成された損益関数は、需要と供給のミスマッチ部分が、市場価格の変動によってどういった損益をもたらすかを示している。そして将来にわたるこれらミスマッチやギャップ[47]の大きさを展望することが、『収益構造見える化』モデルを構築してリスク管理等の実務に適用する目的である。

　その意味で、特に変動しやすい需要量の予測はギャップの展望を大きく左右する。ある時点では妥当と思われても、何らかの将来シナリオに変化が生じた際には、適宜見直しが必要となる。そういった意味で、電力ビジネスにおける取扱量の変動について、モデルの運営者は心がけて作業する必要がある。

　また、ギャップの粒度や期間によって、『収益構造見える化』モデルが表現する対象の細かさや広がりが変わってくる。それらの取り扱いについて、現実的な対応とそのメリットやデメリットを述べてみたい。

認識する期間

　『収益構造見える化』モデルを構築していく際には、同モデルが対象にする期間を想定する必要がある。日本の場合、現状[48]では需要家と取り交わす多くの需給契約の期間が1年である。それに対して、電力を調達する際の発電施設は10年単位の長期にわたるものが多い。PPA等の電力調達契約[49]でも1年から10年を超える長期のものがある。こういった保有期間や契約期間の不整合は、『収益構造見える化』モデルを構築する際にいったん整理して、整合性を整える必要がある。つまり、対象設備や契約の期間

を一定のルールで切り出す運営を考えることになる。『収益構造見える化』モデルで管理・運営しようとするメリットは、対象とする期間のギャップを認識し、収益認識やリスク管理を行えることである。その上で、ギャップと市場価格の変動が与えるインパクトを計量的に把握し、何らかの対応を図るためである。従って、事業計画の対象期間やヘッジ取引が適用できる期間といった、経営の観点から見てみたいと思える時間軸に沿って『収益構造見える化』モデルの対象期間を設定する必要がある。

　典型的には、同モデルの対象期間は事業計画に合わせて1年である。特に、先渡取引や先物取引といったヘッジ取引が未成熟な現状の日本の電力市場を考えると、期間の長いフォワードカーブを用意するのもチャレンジングである。一方で、実際に事業計画を立てるにあたっては、半年から3カ月前に検討に入ることが多いのではなかろうか。従って、モデル構築の際には、1.5年程度の期間を対象にしたケースを想定しておいた方が、実務に耐えると思われる。しかしながら、1年や1.5年といっても、そう簡単にモデルを構築できるものでもない。それは『収益構造見える化』モデルが対象とする時間の単位や長さ、地域の単位や広さ、その他顧客セクターや業種といった需要家をグルーピングする単位といった『収益構造見える化』モデルに与えるインプット、いわゆる粒度の細かさによるからである。

②モデルが対象とする粒度
時間的粒度

　JEPXは、30分単位のスポット取引を採用している。これが市場を利用して取引を実施する最小単位となっている。問題は、これをそのまま『収益構造見える化』モデルの最小単位に採用すると自然と計算量が膨大になることである。例えば、JEPX仕様で考えると1日は48コマの時間帯に区切られることになる。1年分だと17,520コマである。『収益構造見える化』モデルにおいて、需給構造を問題にするとなると、この時間帯の数に合わ

せて、需給に関わるデータのインプットも 17,520 個の組み合わせを想定する必要がある。需給を予想するアプローチにおいても、それだけ細かなパラメーターを用意する必要が出てくる。採用するモデルの妥当性や精度も不確かな段階で、こういった細かな時間帯を採用するのはリスクが大きい。

　そこで考えられるのは、日本の電力ビジネスの特性を考えた時間帯のグルーピングである。日本における電気の使われ方は、既存の電気料金体系の中にある程度現れている。それは、平日と土曜、日曜では電気の使われ方が異なるため、平・土・休で各 9 エリアの電力会社の料金体系も変えてきている。一方で、日本の電気料金は、1 日の電力使用状況に応じて、ピーク時間帯やそれを除く日中時間帯、夜間時間帯といった 3 区分で表現する。これに合わせて、電気料金の体系を整えている。つまり、自ら管轄する需要家が電力を使用する特性を考えて、平・土・休、及びピーク - 非ピーク - 夜間といった 3 × 3 の 9 時間帯に分類して料金を適用している。このアイデアは、奇しくも日本の産業や日常生活に関する電力使用状況や特性に関して、永年の経験値から 9 時間帯で表現できることを示唆している。

　実際に電力事業を営んでいる方なら、この 9 時間帯で需要家とのビジネスや電力の調達を表現するのにあまり違和感はないのではないか。多くの需要家の場合、電気の使い方の特徴もこの 9 時間帯に沿って現れる。電気の使い方の特徴とは、電気を使う際の量の大きさや量の変化の大きさ、そのスピードといったことになる。夜間は、通常電気をあまり使わない上に、使用量の変動も小さい。それに対して昼間の非ピーク時間帯は、朝方に電気の使用が立ち上がり、夕刻の食事時以降になって徐々に下がり始める。電気使用量の増加や減少の傾向がはっきりしていて、そのスピードもおおよその傾向がある。一方で、夏期のピーク時間帯では、気温や天気によって需要が急増したり、急変したりする。また、冬季には、朝の立ち上がり時期にオフィス需要が急伸する。暖房のための空調がこの時間帯に集中するためである。さらに、平日は職場に出向いたり、オフィスや工場需要が

大きくなったりして電力需要が伸びるのに対して、休日は一般的に需要が後退する。レジャー施設の場合は、その逆である。こういった日本特有の季節性や個々人の日常生活、盆・正月・ゴールデンウィーク等の休日の過ごし方に始まる各種文化的な行動パターン、国内の多様なビジネスや産業活動を大きく捉えることができる時間帯別分類の一つが、3×3の9時間帯区分と考えられる。

　反対に電気を調達する場合は、どうであろうか。電源によっては、天候に左右される自然電源や気温によって出力に影響が出る火力発電等、人為的にコントロールしがたい局面がある。しかしながら、電源の運転は総じて計画的に運営することができる。そこで、作り出した電源を販売するにあたっては、自らの発電コストを意識しながら、需要の大小に合わせた販売価格が設定される。ここにも3×3の時間帯で料金体系を整理することが可能である。

　このように時間帯をグルーピングすることで、48コマ×3曜日で計算される144コマの時間帯パターンを9時間帯に集約することができる。ただし、こういった時間帯を集約するニーズは、計算負荷や業務量に制約がある際に必要となる。特に、Excel等の環境で一連のモデル運営が行われる際に求められるアプローチと考えられる。仮に30分単位で『収益構造見える化』を実現することが可能であれば、何もこういった時間帯の集約プロセスは不要となる。Excel等でモデルを構築し運営する環境を脱して、より高速で大量の計算が行える環境が整えられるのなら、本来的な30分単位の『収益構造見える化』を図るべきであろう。

地域的粒度

　『収益構造見える化』モデルを構築する際に検討すべきもう一つの粒度に関する課題は、地域の単位である。『収益構造見える化』モデルには、需要家情報や発電設備情報を入力することになる。基本は、最小単位である個別契約の情報を需要家側も発電側もモデルに投入することが好まし

い。問題は、計算した後のアウトプットの集約の仕方である。対象とする需要家や発電施設が保有する契約全件(以後、ポートフォリオ[54]と呼ぶ)ということになれば、計算後のアウトプットも全件を対象にした結果となる。

　そこで計算対象となるインプットをいろいろと変えることにより、見たい地域の計算結果を特定することができる。電力関係者なら最も適用してみたい地域性は、旧一般電気事業者が管轄する9電力エリアであろう。その理由は、事業対象となる営業地域が9エリアごとに分割・運営されているのが日本の実情だからである。新電力が営業エリアを広げていく際にも、このエリア単位で拡大する。このように考えていくと、東エリア・西エリア単位や県単位、陸続きの本州に対して連系線が海底を通る九州、北海道、四国といった地域分け、あるいは都市部と農村部といった区分け等が考えられる。

　これらは、『収益構造見える化』モデルに対して、ひとえにどの程度柔軟な入力の仕方を用意しておくかにかかっている。ある意味で、全体のポートフォリオからどういった抽出作業が容易にできるかといったシステムデザインの話になる。これはExcel環境でも、ある程度実現可能と考える。いずれにせよ、モデル構築の際に必要なアウトプットの種類を想定して、検討しておく必要があろう。

需要家のグルーピング(業種／顧客セクター)

　同様なテーマが、業種や顧客セクターを意識した需要家のグルーピングである。極端なことを考えると、1需要家に対して『収益構造見える化』を適用すれば、その需要家に対する損益関数が計算できる[55]。その一方で、産業分類や業種分類に即したグルーピングを行えば、自ら契約する需要家の損益関数を当該グループごとに計測できることになる。こういったアプローチを採用すると、産業や業種ごとに損益分岐点等の特徴が異なることが見えてくる。また、産業分類や業種分類以外に、民需対官需といった分類で損益関数を見るニーズも考えられる。その他、特別高圧や高圧、低圧

といった需要家規模で損益関数を見るニーズもあろう。ロードカーブの形状による顧客分類も考えられる。加えて、先の地域分類と絡めて『収益構造見える化』モデルへの投入がコントロールできれば、様々な角度で顧客特性や収益性を『見える化』できることになる。

　この需要家のグルーピング機能の良し悪しも、地域的粒度で説明した課題と同様である。つまり、どの程度柔軟な入力の仕方を用意しておくかにかかっている。Excel 環境でも相応の対応は可能であろうが、いずれにせよシステムデザインの話に帰着する。

③電力市場における価格シナリオの運営
シナリオ発生の課題
　収益構造の把握ができたとして、最終的に収益がどういった水準に落ち着くかを考えるには、市場価格の水準を想定する必要がある。そのひとつのアプローチが、フォワードカーブ水準の採用であろう。第 2 章(ア)①フォワードカーブモデルの選定で説明したようなモデルで作成したフォワードカーブをシナリオの一つとして適用する考え方である。ただし、本来的なフォワードカーブの意味は、現時点で売買可能な水準を将来にわたって示しているのがフォワードカーブである。そう考えると、現時点のポートフォリオの評価として適用する現在価値の考え方には即していても、例えば今後一年にわたって実現するであろう損益を示していない。そこで、事業計画を策定する等においては、市場価格の水準を想定するシナリオに沿って動かす検討も必要になる。これをメインシナリオとして、将来的に発生する損益状況を把握することが求められる。それに合わせて、金融でもよく採用されるアプローチは、ベストシナリオや最悪シナリオを想定して、関係者が納得する市場価格水準を適用する手法である。これらのシナリオを採用して『収益構造の見える化』モデルに適用すれば、適用期間や時間的粒度に応じた損益状況を計算することができる。

2　電力ビジネスへの応用

定量的アプローチ・電力市場価格のモデル化

　問題は、一つのシナリオを想定するとそれに応じた損益水準が計算できたとしても、それがどの程度必然性のある損益額かわからない点である。そこで採用される手法が、ヒストリカルシミュレーションやモンテカルロシミュレーション[56]である。前者では、過去の実績データから価格水準や価格変動の情報を抽出して、フォワードカーブ等のメインシナリオに適用してシナリオが変動する可能性やその振れ幅を評価する。過去の実現データの中で、時間帯に応じたシナリオの変動可能性は把握されているため、後述するモンテカルロシミュレーションのようなパラメーター抽出の問題は発生しない。しかしながら、参照する過去データは、過去に実現した1系列のデータとなるため、どの程度遡ったデータをどのように適用し、またどのくらいのシナリオ数を用意するのかといった悩ましい問題が生じる。

　その一方で、モンテカルロシミュレーションは、フォワードカーブ等のメインシナリオを中心にコンピューターで複数のシナリオを発生させる手法である。ヒストリカルシミュレーションと同様に、過去データを分析する。ただし、価格帯に応じた市場価格の変動性を計算した後に、その値に沿ってコンピューターがシナリオを作る。シナリオの発生数も外部から与える。従って、電力価格の変動に関する特性を適切に表現できる電力価格モデル[57]を採用する必要がある。ここでいう電力価格の変動に関する特性とは、第2章(ア)①フォワードカーブに関する課題で取り上げた中心回帰性やジャンプの性格である。これらのモデルを選定し、そのモデルが必要とするパラメーターを過去データから抽出する作業が発生する。

パラメーター抽出における課題

　つまり、選定したモデルに応じて過去データからパラメーターを抽出し、それを適用することになるが、単純に抽出した値を用いる場合もあれば、先行きの相場を見通してパラメーターの値を調整する場合もある。その際には、各パラメーターの大きさとそのバランスが保たれていないと、およ

そ電力らしい価格の振る舞いが再現されない。

　例えば、確率過程のひとつであるOrnstein Uhlenbeck過程として、平均回帰速度αやボラティリティVt、といったパラメーターによって基本的な価格変動のプロセスを表現すると同時に、ジャンプ過程を組み合わせる方法がある（図10参照）。ジャンプに対しては、緩和速度βを適用する。その上で、こういったパラメーターを過去データから抽出する一方、相場見通しに応じて調整する。

　この確率過程における①式は、電力価格の振る舞いにおける平均回帰性を表している。この式では、フォワードカーブの水準を示す参照値θtから乖離した価格水準Ctについて、再び参照値θtに戻そうとする力やスピードをαの大きさで調整する。それに対して、①式におけるVtは、特定の時間tにおける価格水準Ctから時間帯や季節に応じて変動する大きさを調整するパラメーターである。Wtはウィナー過程である[58]。また②式は、ジャンプのあり方を表している。dqtは、特定の時間に発生するポワソン分布等の確率分布を想定している。βは、いったん発生したジャンプJtに対して、発生しない状態0に戻そうとする力やスピードを調整するパラメーターである。さらに③式は、①の平均回帰性と②のジャンプ特性を加算したものである。特定の時間帯tに続く時間帯t+1における電力価格P_{t+1}は、①式と②式の単純和であると定義している。これは、本当にそうかどうかというよりも、モデルの作成者が電力価格の振る舞いを再現するためにそういうものだと単純化して考えた、電力価格モデルの前提である。

　従って、このモデルにおいては、パラメーターαとVt、加えてβとジャンプの程度が重要な意味を持つ。これらのパラメーター間において相互に適度な水準やバランスを保たれていないと、価格の振る舞いがフォワードカーブ等の参照値から大きく乖離したり、収束したりすることになる。仮に過去データからこういったパラメーターを抽出して採用したとしても、将来の電力価格の振る舞いを想定してパラメーターを調整する際には、

パラメーター間のバランスを欠かないような配慮が必要となる。さもなければ、あまりに非現実的なシナリオ作成となってしまうからである。

図10　Ornstein Uhlenbeck過程＋ジャンプ過程のモデル例

$$dC_{t+1} = \alpha[\theta t - C_t]dt + V(t) \cdot C_t \cdot dW_t \quad ①$$
$$dJ_{t+1} = \beta[0 - J_t]dt + dq_t \quad ②$$
$$dP_{t+1} = dC_{t+1} + dJ_{t+1} \quad ③$$

3 F-Powerにおけるアプローチ

　ここまでは、金融の世界で発展したトレーディング手法やリスク管理のアプローチを電力ビジネスに応用する際に考えられる様々な課題や実務的な方向性について説明した。そこで、本章以降では、F-Powerにおいてどのような歩みとアプローチを採用して電力ビジネスを対象にしたリスク管理体制を構築していったか、その経緯を解説する。

㈦ スプレッドシートによるアプローチ

①日報の作成と運用
日報を作成する必要性
　金融におけるトレーディング業務でもリスク管理業務でも、日々の収益を把握することは、やらなければならない一丁目一番地である。しかも、収益計算する対象の日の翌日（少なくとも翌営業日）には計算が終了し、関係者に報告される必要がある。金融におけるこういった運営は、電力ビジネスにおいても市場機能を利用するからには同じである。月に一回、月末絞めで翌月初に報告されても、タイムリーな判断や対応はできないからである。日本における電力市場の現状、特に前日スポット市場のみ恒常的な約定が可能であることを考えると、日々の損益計算については抵抗感がある方も小売電気事業者の中には多いかもしれない。市場取引の流動性が薄く、取引の約定が容易でない状況で、なぜ毎日損益計算を行う必要があ

るのかといった感情が湧くのももっともな話だ。ただ、市場取引を取り扱うビジネスでは、その行為の結果を毎日把握することが基本である。その上で、そういった日々の行為が連続することを前提に将来発生しうる損益状況を認識するのがリスク管理である。毎朝、自らの姿を鏡に映して、顔色がいいかどうか、疲れていないか、容姿がどのように映るのか気にするのと同じである。そのために、日々の損益状況を測ることは、市場ビジネスを健康に生き抜く上で、大変重要なExercise、ある意味で朝のラジオ体操みたいなものである。

　F-Powerの場合、筆者が2011年1月に入社した時点で、毎日このExerciseが運営されていた。日々のPLを議論するために必要な売上高や売上原価、販売管理費等の構成要素がしっかり認識され、整理され、運営されていた。また、需要家契約数やその規模、あるいは発電設備やPPAの数や規模がまだ小さかった。その姿を見て、海外で見聞したようなリスク管理体制の構築は可能であると実感した。これが、F-Powerでリスク管理を始めたきっかけである。

日報作成の考え方
　日報は、損益状況を把握する手法であることから、通常の損益計算書のように売上高や売上原価から売上総利益を求め、販売管理費を控除して営業利益を求めるやり方と何ら変わりはない。ただ、より正確な日報を作成するためには、売上高や売上原価を計算するにあたって、なるべく正確に実際の料金計算や費用算定のロジックに則って、積み上げることに他ならない。

電力販売・売り上げに関する計算
　小売電気事業者の売上高は、電気を販売することから発生する売り上げの積み上げである。従って、売り上げを構成する料金計算をひたすら積み上げるところから始まる。例えば、特別高圧や高圧の法人需要家について

3 F-Power におけるアプローチ

図11 電気料金の考え方

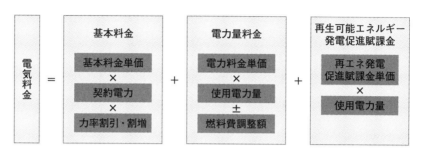

いえば、以下のような料金計算の考え方が適用されている。

電気料金は、電気を契約することで需要家が支払う基本料金部分と、使用電力量に応じて支払う従量料金部分、それ以外に諸制度の運営経費が電力使用量に応じて計算される部分から構成される体系[60]となっている。基本料金や従量料金は、日本における旧一般電気事業者が管轄する10エリアごとに異なる。これらの料金は、まず規制料金として各エリアにおける一般電力会社の経費や適正な収益率に応じて設定されている[61]。特別高圧や高圧需要家は、2000年3月から電力小売自由化が徐々に始まったため、これらの規制料金から割り引く形で自由化の競争が始まった。従って、各小売電気事業者が現在契約している電気料金は、エリアの電気料金の基準単価とは異なる単価で契約されているはずである。そのため、日報を作成するにあたっては、需要家毎に異なる単価を管理し、日報計算のデータとして適用する必要がある。また、力率割引や割増は、需要家が使用する設備によって掛かり、負荷に応じて調整される料金割引や割増である。15%引きにあたる0.85という力率が適用される需要家が多いものの、需要家によっては異なる力率が適用される場合がある。

燃料費調整額は、燃料費調整制度から発生する費用負担である。燃料費調整制度とは、各エリアの旧一般電気事業者が海外から調達した燃料費を広く域内の需要家に負担してもらう制度である。そのため、エリアごとに

45

費用総額が異なる上に、その負担配分にあたっては、特別高圧、高圧、低圧部門といった需要家グループ毎に異なっている。各旧一般電気事業者が海外から輸入する燃料価格や為替水準に依存するため、毎月変動するのも特徴である。

再生可能エネルギー発電促進賦課金単価とは、再生可能エネルギーで発電した電気を買い取る固定価格買い取り制度で適用される単価である。同制度は、再生可能エネルギーで発電した電気について、各エリアの電力事業者が一定価格で買い取ることを国が約束する制度である。この制度は、電力事業者が買い取る費用を需要家から賦課金という形で集めて、再生可能エネルギーの導入を支える原資とする仕組みである。この単価は毎年度見直しが入り、kWh当たりの単価として需要家一律に適用されている。一方で、これらの契約以外に、いわゆる付帯メニューといった需要家の特別なニーズに応えるための契約が用意されている。その一つが、自家発補給契約である。自家発電設備を所有している需要家によっては、自家発電設備が検査や事故で停止した際に電気を補給してもらうための契約を保有している。それも、日頃から運転している自家発電設備であったり、緊急時のみ運転する緊急時電源であったりする。その他、常時は2回線のうち1回線の本線で受電するのに対して、停電の際には予備線で受電するための予備電力契約を保有する先もある。

これらの売り上げ構成要素を考慮して、需要家契約ごとに売り上げを計算することになる。金融の出身の方といえども、この料金体系に沿った計算を真面目に取り組むのは、かなり複雑に見えるに違いない。金融商品における複雑さとは、テイストの異なる複雑さである。加えて、電気の使用量が需要家毎に異なる。その上、電力の計量値データが30分単位で各エリアのネットワークサービスセンターから小売電気事業者に配信されてくる。従って、実に大量のデータを扱うことになる。金融の世界からチャレンジされる方にとって、同じようなビジネスを検討するのであれば、この点は心していただかないといけないハードルである。

3 F-Power におけるアプローチ

電力調達・売上原価に関する計算

　需要家に関する売り上げ計算に対して、電力調達に関する計算は比較的整理しやすい。一般的に発電設備やPPA契約における契約電力の大きさが大きく、取り扱う必要があるデータ件数がより少ないからである。また、発電状況やPPA契約の内容を反映して、電力調達において発生する費用を計算するアプローチは、需要家毎に売り上げ計算を行うスタンスと基本的に変わらない。電力を調達する際にも、通常、基本料金と従量料金、加えて火力発電であれば燃料費調整を反映した従量制のコストを支払う方式が基本である。ただし、水力発電やバイオマス発電、太陽光発電と発電設備の種類に応じて、発電コストのかかり方が異なったり、それらを対象にしたPPA契約の料金計算式が異なったりするのは当然である。

　需要家に関するデータを取り扱う場合と大きく異なるのは、発電に関するデータは需要家データにおけるネットワークサービスセンターのようなデータ配信サービスが存在しないことである。従って、何らかの計量器を発電設備に設置したり、それを適宜収集する通信設備を準備したりする必要がある。小売電気事業者にとって受電量が大きい発電設備については、こういった対応が不可避である。いわゆる30分毎に要請されている同時同量のオペレーションを需給管理として実現するためには、需要家側のデータだけでなく、発電側のデータもタイムリーに集計しなければならない。そこで、これらのデータを活用することで、日報作成における売上原価計算が可能になる。

　一方で、電力調達に関する直接的な料金体系以外に売上原価を構成するもう一つの費用項目が託送料金になる。託送とは、各発電設備（PPA契約で特定している電源も含む）から取得した電気を需要家に届けることである。託送するにあたっては、各エリアの送配電網を利用することになる。この際の利用料金が託送料金である。郵便物を送る際に、切手を貼って郵送料を支払うのと同様である。ただし、託送料金は各エリアの送配電設備に係る改修や将来の設備形成を考えた費用負担になっている。また、託送

47

料金は、電気を利用する需要家全体で負担することになっており（託送料金に関しては、発電事業者も応分の負担をすべきではないかという検討が、資源エネルギー庁や広域機関の委員会で始まっている）、送配電網の管轄エリアごとに異なる基本料金や従量料金で構成される。その一方で、利用する送配電網の違い（特別高圧、高圧など）を反映して、需要家グループごとにも異なる料金体系となっている。その理由は、送配電設備を構築する費用、例えば用地の確保や鉄塔設備の強弱、送電線の長さといった実際に送配電網を建設するにあたって必要となる費用水準が管轄エリアごとに異なっているからである。そのため、日報における売上原価を計算する上では、需要家の電力使用量に対して、需要家グループや各需要家契約において託送料金単価を乗じた費用を積算する必要がある。

市場関連取引の調達費用・運用収益の反映

　小売電気事業者の中の新規参入者は、獲得した需要家の電力需要に対して、自社の発電設備やPPA契約等他社電源から調達した電力調達を充てて、同時同量のオペレーションを目指すことになる。しかしながら、現実には季節や時間帯によって需給に過不足が生じるのは、電力ビジネスの性である。需要と供給の大まかな規模感を合わせてみても、30分単位にぴったり合うことはありえない。ましてや、各社の戦略や発電設備やPPA契約の保有状況によっては能動的に、あるいは受身的に、30分毎に出現する需給の過不足、すなわち需給ギャップと絶えず共生しなければならない。計画値同時同量になってからは、この過不足を販売サイドと発電サイドのそれぞれで同時同量を図らなければならない。これらギャップを埋める機能が市場取引である。電力が不足した場合には市場から電力を購入し、電力が余剰となった際には市場へ電力を売却する。先々まで見通して、この過不足状況に手当てをしたいと思えば、先渡取引の売買を行う必要がある。翌営業日の過不足のためであれば前日スポット市場取引を利用する必要があり、当日であれば1時間前市場取引を行うことになる。従って、こ

ういった市場取引の売買の結果も、日報の中で売上高や売上原価に反映させる必要がある。

　その他、市場取引の売買を実施した後でも、過不足が残る場合がある。また、天候の急変や事故、需要予測の見間違い等が発生して、需給管理者にとって想定外のギャップが生じることもある。この手のギャップは、インバランスと呼ばれる。このインバランスを最終的に埋めるのは、各エリアの送配電事業者になる。従って、最終的な売上高と売上原価は、これらインバランス清算の結果まで反映したものになる。

日報作成における課題

　F-Power の場合、こういった日報作成の Exercise が当初から運営されていた。制度やルールの変更があれば、それに合わせてタイムリーに計算方法を改修する必要がある。そういった局面やニーズを考えれば、Excel を活用するといったアプローチもあながち悪くはない。むしろ、柔軟に改変や運営ができる分、スピーディーで利点がある。しかしながら、そもそも大量のデータを扱わなければならない電力ビジネスの特性や、制度や料金体系に基づいた様々なルールを扱うことを考えると、いずれ限界が来ることが予想された。

　まずは、需要家数の増加である。需要家数の増加を想定するなら、Excel の縦列に需要家を配列するのが望ましい。縦列には、100 万件超の登録が可能であるが、横行には 16,000 件超が限界のようである。Excel で計算プロセスを設計する際にはデータの許容量を意識しなければならない。一方で、大量に扱うようになればなるほど、計算スピードが遅くなって、作業が非効率になる。次に、マクロを回す際には、自動計算機能の停止と再開を適切にかませて走らせる配慮も必要になる。また、そもそもの計算プロセスが多くなることから、シートを分けたり、複数ファイルを利用したりすることになりがちだ。そうなると、仮に計算する地域を 9 エリア対象にしたり、主要エリアに絞ったりしたとしても、複数エリア対応す

る一連のExcelファイルを用意することになる。実際にF-Powerの場合、エリア単位で一連のExcelファイルを用意していたが、営業エリアが拡がるに従って、ファイル群がエリア単位で増えていく循環に陥った。大量のデータと複雑なルールの運営をExcelで行うのは、一定のビジネス規模までというのが結論であろう。逆に、Excelの良さと限界を認識しているのであれば、その規模に達するまではむしろExcelを活用するといったアプローチも正しいと言えるかもしれない。

　また、Excel以外の厄介な課題として、同時同量データに関する欠測値問題がある。同時同量データは、ネットワークサービスセンターから、需要家ごとに30分間の電力使用量として送付されてくる。このデータは、個別需要家が電気を使用する施設から、主に無線経由で取得されている。問題は、無線状態によって、あるいは何らかの事故や故障によって、同時同量データが収集できない場合がある点である。需要家数が多くなってくると、この欠測の頻度が増加する。そこで、日報の精度を担保するためには、この欠測値の補間作業を行う必要がある。また、補間自体、どういった考え方で適用するか検討する必要がある。前値と同じ値にするといったロジックや前後の値から一次補間するといったやり方も考えられる。また、同種の業者や需要家の需要変動の程度を借用するといったアプローチもあろう。いずれにせよ、Excel上で扱うのも一手であるが、同時同量データをExcelに展開する前、あるいは後続のプロセスに同データを渡す時点で補間ロジックが適用される方が好ましい。

　その他、日報作成に関する避けて通れない課題として、消費税の取り扱いにも配慮が必要となる。電気の売り上げにも売上原価にも消費税が絡んでくる。料金単価や市場価格に関して消費税込みなら込みで、消費税抜きなら抜きに統一して日報作成を行いたいところだが、市場価格そのものには消費税は含まれていない一方で、需要家に対する電気料金は、通常、特に民間の需要家向けには消費税込みである。その一方で、官公庁の需要家が入札等によって電気を購入する契約を行う場合、消費税込みであったり、

消費税抜きであったりする。しかも、消費税率が変更される際には、新税率を適用するにあたって猶予期間が与えられる需要家と、期日通り新税率が適用される需要家とが混在する可能性がある。このあたりの煩瑣なコントロールをどのようなやり方で管理するかといった課題を整理しなければならない。

②電力ビジネスにおけるリスク管理モデルの必要性／役割／活用の意義

F-Powerの場合、日報作成というExerciseを通じて、どうやって自分たちの損益が作られていくかを理解し、分析する文化があったと考えられる。その素地があったため、損益を構成する要因が整理され、それが故に損益を左右する要因を意識することができていた。その状況に筆者が参加したことになる。損益の要因分析やロジック構築から始めていたら、しっかりした結果を出すのにそれだけでも優に1年以上かかる作業であったかもしれない。ラッキーなことに、そのステップを一から行う必要はなかった。日報で作成された損益は、ある意味でGood Estimationである。日々の損益予想といってもいい。その予想の積み上げが月報になるわけであるが、会計的な月次決算との整合性が取れた月報、及び日報であれば、Good Estimationの使命を果たしたことになる。そういった意味で、既に実務に耐えた日報Exerciseが運営されていたことは、その後のリスク管理環境を構築する上で、自分にとって大きなメリットであった。海外で見聞きしていたものの、それまで頭の中だけで描いていた電力ビジネスにおけるリスク管理のあり方について、ほぼストレートに実現できる可能性を感じた。

その理由は簡単である。足元の損益に関する構成要素に関して確かな計算フレームワークがあれば、その構成要素の将来の姿と同じ計算フレームワークを適用すれば、将来の損益状況をシミュレーションできるからである。実際にやろうとすると、テクニカルな問題が想定されるのは当然である。ただ、それを解決すればロジック的には可能という判断である。リス

ク管理体制を構築する作業は、この判断から始まった。しかしながら、どのようなものをどういった道筋で作っていくかは走りながら考える状況であり、意味のあるもの、できるものを順番に積み上げていく息の長いプロジェクトであることを覚悟していた。

　そこまで踏み込む必要性や意義については、誰にでも明らかな論点ではない。多くの事業会社でも、リスク管理というアイデアを否定する経営者は今どき少ないと思うが、本当の意味でそれを打ち建てるコミットや覚悟が示せる経営者は案外少ないのではないか。電力ビジネスの業界では、まだまだその必要性や意義が浸透しているように見受けない。特に、市場機能が電力ビジネスに浸透していくにしたがって生じるパラダイム変化を予想して、それに備える興味や関心、ないしは攻めや防御の姿勢は、まだまだ脆弱に見える。市場機能が浸透してくると、簡単には先が見えないビジネス環境が拡がることになる。その結果、見えてくる世界が今までと大きく異なってくる。予見性や先見性があるビジネスに越したことはないが、競争市場でビジネスの代価やサービスの質が決まる世界では、なんら将来のビジネス状況が保証されない。日本の電力業界が総括原価で守られていた時代から、電力自由化を迎えるということは、そういうパラダイム変化に対応するということである。そこで、経営的に必要なことは、不透明なビジネス環境なりに先を読むための手立てを獲得することである。それが、リスク管理体制の構築に他ならない。

　まずは、自らのビジネスの損益の出方を分析して理解し、その重要な構成要素やロジックをモデル化する必要がある。その上で、それを将来に適用するモデルとして用意する。一方で、将来にわたる損益の構成要素について将来予想を立てる必要がある。その一つが市場価格や市場に関するルール等であれば、それらを反映するロジックが必要になる。その上で、当該の将来予想が変動する仕組みを作り、その仕組みを使って将来の損益状況に対する影響度を測る必要がある。こういったプロセスを経て、見通しが効かない自らのビジネスに対して、その将来像、特に損益に関する規模

3 F-Powerにおけるアプローチ

や変動具合を予想することができるようになる。現在の自分の姿を鏡に映すだけでなく、将来の姿まで見に行こうとするといった極めて経営的な行為であるといえる。

③モデルの概要説明

F-Powerで想定したモデルの構成は、以下のような機能から成る。

- 収益管理機能／日報作成
- 収益管理機能／将来シミュレーション
- 収益構造見える化機能
- 電力フォワードカーブ作成機能
- 電力価格シミュレーション機能
- VaR計測機能

収益管理機能における実績把握と将来予想については、前項で説明した。損益状況のGood Estimationを過去にも将来にも適用するアプローチである。

それに対して、収益構造見える化機能は、現時点で保有する発電設備やPPA契約、需要家への電力販売契約等をすべて損益関数に倒すプロセスのことである。これを行うことで、自らの電力ビジネスの損益状況がどの程度市場価格の変動に耐えられるのか、耐えられないのかが見えてくる。

その上で、電力市場の将来水準を見通すべく、電力フォワードカーブ作成機能を構築した。このフォワードカーブは、マーケットアプローチと呼んでいるものである。海外で成立している為替・燃料のフォワードカーブから先渡取引で燃料を輸入した際のコスト水準を意識し、日本におけるマージナル電源の発電効率を勘案して、電力フォワードカーブの基本水準を考えるものである。実際には、この基本水準に対して国内の電力需給要因を加味し、日々の価格等を想定することになる。

その後、算出されたフォワードカーブを中心に、日本のJEPXにおけるスポット価格に現れている中心回帰性やジャンプ特性、また日本特有の季

節性や時間帯特性等を反映したモンテカルロシミュレーションを行う。この中心回帰性や、ジャンプ特性、あるいは季節性や時間帯特性といった日本の電力価格の特徴は、第2章(ア)①で説明したパラメーターで表現する。

さらに、収益構造見える化の結果と電力価格シミュレーションの結果を重ね合わせて、VaRを計測する。その際には、日々の損益の出方を分布情報に整理するとともに、月末の損益予想分布を作成する。

これら一連のモデルの構築であるが、F-Powerでは当初一部を除いてExcel環境で構築することとなった。モデルが必要とする計算量のことを考えると、本来目指す姿を達成するのに、Excel環境では相当無理があることは承知の上である。構築するモデルのアイデアに関して、妥当性が見いだせないうちにプログラミング言語で本格的なソフトウェアの作成には入れない。従って、Excel環境なりの制約とモデルの簡便化を受け入れつつ、まずはモデルが運営できるExcel環境づくりを先行させることとなった。そこで、次項以降でExcel環境ゆえの制約とモデルの簡便化の工夫といった点に焦点を絞って、実際のモデル構築や運営のあり方を振り返ってみたい。

④収益管理機能

本機能の内容に関しては、第3章(ア)①日報の作成と運用の項において、過去実績を取り扱う日報機能の説明の中で触れた。その中で、エリアごとのファイル群の話に及んだ。実際のところ、F-Powerの電力ビジネスは、関東・東北・中部エリアに注力して始まった。しかしながら、エリアごとに集計・作成する日報ファイル群であったことから、エリアが増えるたびに一連のExcelファイルの作成やその後のメンテナンスが必要となった。それらのファイル群を利用するにあたっては、全需要家や発電設備の契約条件をExcelシートに記録し、同時同量データの欠測値も目で見て補間するやり方を採用していた。その上で、前日スポットの対象日になって時間前市場の当日取引分を反映し、その翌日には日報を作成して関係者に配

信した。先の3エリアにビジネスを集中していた当時は、このExcelファイル群でも回せていた。しかしながら、エリアを拡大していくと、その日一日で終わらないほどの作業量となった。そこで、当面は、PCの能力増強や台数増加で凌ぐことにした。

　一方で、日々の実績として損益を計測することは、Excelファイル群を工夫して回すことで対応していた。しかしながら、将来収益の計測は展望したものの、この段階で手が届く環境になかった。損益を把握する基本的な考え方は、日報の取りまとめ方の延長であることは理解できても、実現するのにExcel環境を整えることは計算量的にいって無理があった。この点は、将来の課題として先送りとなった。

⑤収益構造見える化

　日報における損益の構成要素を把握できていたことから、筆者がF-Powerに入社してすぐに手掛けたのは、『収益構造の見える化』モデルの作成であった。基本的な『収益構造見える化』に関する機能の内容は、第2章(ア)②管理対象取引・発電資産の特徴の項で説明した。自社が保有する電源から始まり、外部との契約電力まで、全発電設備と全契約取引に関する契約情報をExcelファイルに登録した。その上で、30分単位の使用電力量、及び調達電力量、並びに時間帯に応じた適正な料金単価を割り当てて損益関数を作成することになる。ただし、Excel環境の中で、個々の損益関数から合成関数を作成するのは早計と思えた。それは、実務的に精度が期待できる日報がある一方で、様々な発電コストや固定費用を反映するオプション電源や、各種従量料金や基本料金が存在するPPA契約を表現する損益関数を合成して結果の良し悪しが保証されないからである。

電源ポートフォリオにおける損益関数の作成

　そこで、オプション性のある電源やPPA契約については、別途作成したフォワードカーブの水準を市場価格とみなし、自らの発電コスト（ない

し、PPA 契約の場合は、従量料金[71])と対比して損益計算を行う仕組みをまず作り込んだ。この際のオプション性とは、市場価格が高い時には当該電源を運転し（ないし PPA 契約を有効とみなす）、市場価格が低い時には当該電源を停止して（ないし PPA 契約を無効とみなす）市場からの調達で代替するといった運営を行うことを意味する。これは、先に説明したAOT のオペレーション[72]をモデル化したことになる。そして、30 分毎に平日・土曜・休日の枠組みで、全電源の発電量について積み上げることとした。その場合、発電量や調達量に関して定格出力や契約電力通り受電することが期待できる際には、そういった出力規模を『収益構造見える化』に登録する。しかしながら、実際の運転計画に沿った出力規模の登録を行うのが基本である。より規模の大きな電源ほどインパクトが大きいため、正確な登録が必要となる。一方で、電源ごとに 30 分単位の従量料金を割り振り、また電源ごとの基本料金を割り当てた。その上で、各電源や PPA 契約ごとに基本・従量料金を 30 分単位で積算し、電力調達に係るコストを積み上げた。この仕組みによって、市場価格の水準に応じて受電できる電力量を 30 分単位で把握することができ、それに応じた電気の調達に係る支払い料金額を把握することができた。そこで、0.5 円／kWh ずつといった一定の価格差で市場価格を順次動かしていくと、その市場価格水準に応じた電源調達コストが見えてくる。そのコスト水準をグラフに展開し、グラフにプロットした各値をつなぐと結果的に発電コストを表す合成関数が作成されることになる。

　しかしながら、最終的な合成関数となると、需要家への電力販売に関しても損益関数を用意し、その上で合成関数を作成する必要がある。

電力販売における損益関数の作成

　需要家に電気を販売することを損益関数に倒す考え方は、相対的にシンプルである。各需要家の契約条件から接続送電サービスに関する基本料金や従量料金等の内容を把握し、ネットワークサービスセンターから配信さ

れてきた 30 分単位の同時同量データを元に料金計算をすることになる。[73]

　ただし、様々な需要家のタイプをどのように集約・グルーピングするかは意識せざるを得ない課題であった。この点は、需要家に対するグルーピングの課題として、第 2 章(イ)②で触れた。当時は、Excel 環境で『収益構造見える化』モデルを実現するには、需要家グルーピングを柔軟に運営するのは、なかなか難しいと判断した。せめてエリアごとのグルーピングは可能と思われたが、当初は全需要家を対象に 30 分ごとの需要量と料金計算を行うこととした。[74] つまり、全需要家を対象に、使用電力量で加重平均した損益関数を求めることになる。

　しかしながら、電源ポートフォリオに関する損益関数の作成とつじつまを合わせるために、需要家ごとに 30 分単位の従量料金を割り振り、また需要家ごとの基本料金を割り当てた。その上で、基本・従量料金を 30 分単位で積算し、電力販売に係る売り上げを積み上げた。この仕組みによって、市場価格の水準に応じて供給した電力量を 30 分単位で把握することができ、それに応じた電気を販売することによる売り上げを把握することができた。そこで、電源ポートフォリオに関する損益関数を作成する際と同様、市場価格を順次動かしていくと、その市場価格水準に応じた売り上げが見えてくることになる。また、このアプローチによって電源ポートフォリオに関する損益関数と合算して、最終的な合成関数がグラフに描けることになった。

電力量の想定

　電源ポートフォリオ並びに需要家への販売に関する損益関数を合成するにあたって、もう一つの課題を整理する必要がある。それは、第 2 章(ア)③で取引量の課題として取り上げた。『収益構造見える化』モデルが対象とする期間に応じて、電力需要の予測と電源調達の予定を各取引量の中に反映することである。F-Power において、当初『収益構造見える化』を建てつけるにあたっては、月初に作成して月間のパフォーマンスを想定する

仕組みとして考えた。従って、電力需要予測も、電源調達計画も、1カ月内の想定を用いることにした。そうは言っても、ひと月の中でも時間帯や曜日によって需要量や発電量は異なってくる。従って、第2章(イ)②において説明した3×3、つまり平日・土曜・休日とピーク・ピークを除く昼間・夜間の9時間帯で需要量を想定した。発電量は、平日・土曜・休日で運転形式が異なる。もともと30分単位で把握していたため、改めて9時間帯で整理した。その上で、対象とする月の平均的な需要想定と電力調達想定を9時間帯で設定した。特に需要量の場合、季節に応じた気温を意識し、月初の需要実績から月間の平均的な需要量水準を想定し、その需要量を採用した。

収益構造見える化を作成したメリット

このようなアプローチにより、対象とする月における9時間帯それぞれの平均的な損益関数、すなわち『収益構造見える化』モデルが出来上がった。同モデルを作成したことによるメリットのひとつは、9時間帯別に損益分岐点が確認できることである。それぞれの時間帯において、市場価格がいくらになれば収益が上がる、ないし損失が発生するといったことが明確になる。また、市場価格が1円／kWh 上昇する、ないし下落すると、どのくらいの損益の振れがでるのかも前もって自覚することができる。また、損益関数の形状を見ることで、市場価格の変動に対して、自らが保有しているポートフォリオがどれだけ耐久性があるか、一目瞭然となる。

F-Power の場合、需要家の獲得が先行したため、『収益構造見える化』の損益関数は右下がりになりがちであった。電源調達による損益関数より、需要家に電力販売する損益関数の方に対して取扱量のウェイトが大きく、後者の関数の形状が色濃く出現するためである。逆に、発電設備を中心にしたポートフォリオでは、左下がりの損益関数となる。理想的には、市場価格が上がっても、下がっても、損益関数が上放れしていて収益をもたらす状態である（図12参照）。

図12 電力ビジネスに関する損益曲線

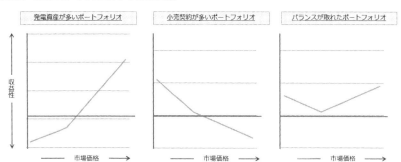

図13 SmileとSmirkを用いた『収益構造見える化』活用イメージ

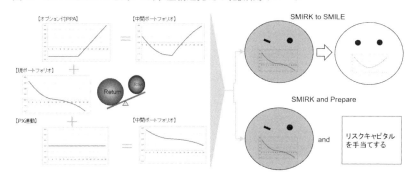

　この形状のことをスマイルとF-Power社内では呼んだ。右下がりの形状は、スマークと呼び、好ましいポートフォリオ運営の方向性として、Smirk to Smileを標榜した（図13参照）。実際には、簡単にポートフォリオを変更し、損益関数の形状を変えていくのは難しい。しかしながら、毎月この形状を確認することで、自らやってきたこと、すなわち需要家を獲得してきたことや電源を獲得してきたことのインパクトを視覚的に捉えることとなり、目標ポートフォリオとの乖離や達成度が実感できることになった。

　この点は、いわゆる市場という波風の立つ海に飛び込む前に、泳ぐ力が

十分あるかどうか、鏡に照らして自らの姿を確認しているようなものである。損益関数がスマイルや損益分岐点が十分高いところ（グラフでいえば右端）にあれば、すぐに損失は発生しない。つまり、市場の厳しさにさらされる前に、自らの収益性を確認できることになる。これが『収益構造見える化』の最大メリットである。この収益構造の変遷をモニタリングしていくことで、自分たちの戦略や方向性の正しさをトレースすることもできる。また、想定される取引を仮に入れ込んでみることで簡単なシミュレーションもできることになる。

『収益構造見える化』を採用することによるメリットとして、もう一つの切り口を呈示してみたい。それは、リスクリターンの観点からのアプローチである。図14を参照して頂きたい。

図の左側のグラフは、傾きが負となる損益関数を持つポートフォリオのケースである。先の説明でいえば、Smirkのケースにあたる。例えば、1カ月間、この形状の損益関数を保有するとなれ、1カ月の間に市場価格が7円／kWhから17円／kWhまで変動した挙句に8.5円で月末を迎えたとする。その間に、損益は△1円／kWhから2円／kWhまで3円／

図14 リスクリターンの考え方

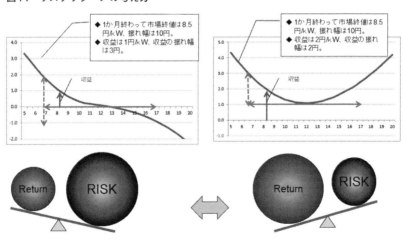

kWh幅で振れたことになり、最終的な損益は1円／kWhであることが描かれている。

　これに対して、右側のグラフはSmileのケースになる。この場合、同じ1カ月で同じ市場変動にさらされたとしても、損益の変動は1円／kWhから3円／kWhで2円／kWh幅で触れたことになり、最終的な損益は2円／kWhであったことを示している。

　この2つのケースを比較するとSmileの損益関数を持ったポートフォリオの方が損益の振れが小さい分、リスクが少なく、しかも収益水準が高い状態を事前に確認できる。事前にというのは、Smile型のポートフォリオの方が市場取引を行う前の時点で収益を上げやすい体質を備えていることがわかる。これが、先に「波風の立つ海に飛び込む前に、泳ぐ力が十分あるかどうか、鏡に照らして自らの姿を確認しているようなもの」と評した所以である。

　また、『収益構造見える化』による損益関数が決まると、市場価格のレベルに応じた損益水準が見出せる。従って、該当する時間帯のフォワードカーブが与えられると、その価格水準に応じた損益が計測可能となる。つまり9時間帯の平均的なフォワードカーブのレベルが与えられると、その時間帯の損益が予想されることになる。つまり、フォワードカーブが決まり、電力価格が変動する特性をうまく適用することができ、その情報と『収益構造見える化』の仕組みを組み合わせれば、損益が振れる状況を想定するVaR分析が可能となる。そこで、『収益構造見える化』モデル作成にめどがついた段階で、いよいよフォワードカーブモデルの作成に着手することになった。

⑥電力フォワードカーブ作成機能
マーケットアプローチの採用

　電力ビジネスにおけるフォワードカーブのテーマや観点は、第2章(ア)①フォワードカーブに関する課題で俯瞰した。日本の電力市場においてファ

ンダメンタルモデルを構築するためには、情報不足はどうしても避けられない課題である。エリア需給であれば、旧一般電力会社は相応の需給データをタイムリーに適用することも可能かもしれない。また、長期の需給均衡点を探りに行くという意味で、ファンダメンタルモデルを適用したいとのニーズも大きい。しかしながら、後者の場合、難しいのは需要予測等に主観的見通し（あるいは希望的観測）が入り込みがちなことである。日本の場合、電力価格が海外から輸入する燃料と円転する為替の影響がある中では、電力単体の需給要因だけでは定まらない。従って、ファンダメンタルモデルの中にも、将来の需給を決める供給力のコスト計算の中に燃料価格と為替の見通しやフォワードカーブの水準を反映する必要がある。

　また、ファンダメンタルモデルをタイムリーに適用しようとする場合、旧一般電気事業者にとっては、ある程度の精度を持つモデル運営が、自らのエリアについて可能と考えるのかもしれない。しかしながら、旧一般電気事業者でも、他のエリアの需給状況についてタイムリーに把握し、また直近の状況を認識するのは相応に難しいと思われる。電力市場が全国大で価格形成される場だと思えば、連系線制約[78]による市場分断をどのようにモデル化し、反映するかも考える必要が出てくる。なかなかハードルが高い。

　そこで、F-Power が取り組んだアプローチは、限られた、かつ入手可能な情報を活用して、将来にわたる電力価格水準を想定するマーケットアプローチである。第2章(ア)①で説明した通り、マーケットアプローチは、海外から輸入する燃料価格を意識して電力フォワードカーブを作成する。つまり、WTI や ICE Brent ないし、Dubai 先物から導かれる燃料フォワードカーブに、ドルを円転する先物フォワード価格を掛け合わせて、円建て燃料フォワードカーブをまず作成する。これが、電力価格を考える上で発電設備に投入するコスト水準になる。これらは日々変化する一方で、日単位や週・月単位で価格が成立している商品である。実際に発電設備に投入される燃料コストは、海外の燃料業者や国内のガス会社等から調達すれば、長期の固定価格であったり、JKM[79]といった海外ガス指標ベースであ

3 F-Powerにおけるアプローチ

ったり、JCC[80]やJLC[81]といった国内通関統計値ベースであったりする。しかしながら、燃料調達における個別ケースを意識してモデル化を考えるのではなく、全国大の燃料調達構造を意識して、電力フォワードカーブを算出するのが先決である。そのためF-Powerでは、電力フォワードカーブを算出しようとする時点の燃料や為替水準を採用し、その上で燃料調整費制度による期ずれ効果[82]を反映させるアプローチを採用した。日本の小売市場における電力販売価格を考えると、こういった配慮が必要と思われたが、モデルの中では、期ずれのタイミングについてユーザーがある程度自由に設定できる仕組みとした。一方で、JEPXにおける価格水準を観察・分析すると、JEPX価格が海外原油価格やドル／円為替の動きに応じて反応する時間差は、だいたい1カ月に見える。このあたりは、何を対象にして電力フォワードカーブを利用するかにもよる。一方で、燃料調整費制度に代表される制度や社会的仕組みは、見直しが行われれば実効性がなくなることもある。従って、より純粋な市場機能やそれにより観察される現象を表現できる仕掛けを持たせることが、モデル作成にあたって重要なポイント

図15　電力フォワードカーブの考え方　――マーケットアプローチ

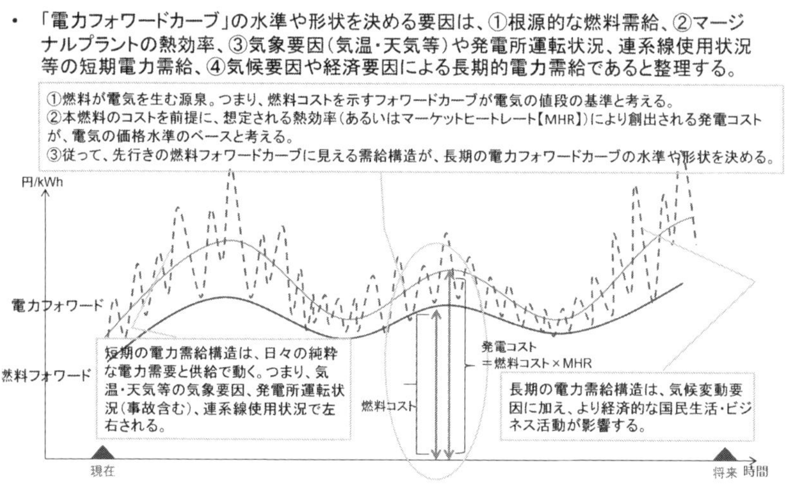

- 「電力フォワードカーブ」の水準や形状を決める要因は、①根源的な燃料需給、②マージナルプラントの熱効率、③気象要因（気温・天気等）や発電所運転状況、連系線使用状況等の短期電力需給、④気候要因や経済要因による長期的電力需給であると整理する。

①燃料が電気を生む源泉。つまり、燃料コストを示すフォワードカーブが電気の値段の基準と考える。
②本燃料のコストを前提に、想定される熱効率（あるいはマーケットヒートレート【MHR】）により創出される発電コストが、電気の価格水準のベースと考える。
③従って、先行きの燃料フォワードカーブに見える需給構造が、長期の電力フォワードカーブの水準や形状を決める。

短期の電力需給構造は、日々の純粋な電力需要と供給で動く。つまり、気温・天気等の気象要因、発電所運転状況（事故含む）、連系線使用状況に左右される。

発電コスト ＝燃料コスト×MHR

長期の電力需給構造は、気候変動要因に加え、より経済的な国民生活・ビジネス活動が影響する。

と思われる。

　燃料価格と為替の水準で導かれるフォワードカーブは、海外から調達した円建て燃料コストの水準を示している。日本における電力フォワードカーブは、最終的には国内電力需給に関する諸条件で決まるはずである。しかしながら、燃料価格と為替の水準から導かれるフォワードカーブを用いるマーケットアプローチを採用すれば、海外燃料に起因する日本の電力価格の変動要因は、およそヘッジすることができる。フォワードカーブが意味するものは、現段階で売買できる将来資産の価格水準を示すことにある。その意味で、燃料価格と為替の水準から導かれる電力フォワードカーブは、一定の要件を満たしている。電力フォワードカーブの変動要因の中でも、燃料価格や為替による大きな変動に関しては、原油先物や為替先物である程度のヘッジが可能だからである。

適切なマーケットヒートレートの探索
　さて、燃料価格と為替の水準で導かれる円建て燃料コストの水準が定まれば、それをベースに、より具体的な電力フォワードカーブの水準を検討することになる。つまり、円建ての燃料を投入した発電設備から電気を作る実態を考えると、燃種と燃種に応じた発電設備の発電効率によって1kWh電力を発電する発電コストが異なる点に気が付く。日本の場合、発電単価が低い石炭焚きから順番にLNG焚き、石油焚きとメリットオーダーが成立している。従って、どの燃種のどういった発電設備が、年間の該当する季節や時間帯で稼働しているか、検討する必要がある。

　まず、国内電力需給の状況は、需要に対する供給の余力を示す予備率で表現可能である。また、国内の需給状況を考える上で、需要期や端境期、加えて平日、土曜、休日といった電力需給の状況を区別する時間帯を考えた。このような季節と時間帯に沿って、価格を決定する発電設備が決まり、発電設備に応じた発電コストが変化しているものと考えられる。こういった発電設備をマージナルプラントと呼んでいる。このマージナルプラント

を特定できれば、以下の算式を用いて電力フォワードカーブの価格水準を推定できると考えられる。

電力フォワードカーブ［円／kWh］＝ kWh 換算燃料価格［円／kWh］×マーケットヒートレート　──(1)

　マーケットヒートレートは、市場で成立している電力と燃料の価格情報から計算される、すなわち、市場が前提としている発電効率[84]と考えられる。また、kWh 換算燃料価格は、燃料フォワード価格から、熱量換算を通じて燃種別の 1kWh あたり単価として求めることができる。従って、対象とする時間帯のマージナルプラントを特定し、そのマージナルプラントが保有するマーケットヒートレートを想定すれば、電力フォワードカーブの水準を設定することが可能となる。
　そこで、30 分の時間帯ごとに約定した過去の JEPX 価格と、日本における石炭焚きや LNG 焚き、石油焚きの代表的な発電効率から逆算できる設備別発電コストを比較した。設備別の発電コストは、以下の算式で計算した。

設備別発電コスト［円／kWh］＝ kWh 換算燃料価格［円／kWh］／発電効率　──(2)

　その上で、30 分時間帯ごとに実際の JEPX 価格と設備別発電コストの差が最も小さな設備が、対象時間帯のマージナルプラントと考えた。そこで、過去データを指定するサンプル期間を設定し、その期間の全 30 分時間帯についてマージナルプラントを選定した。こうすることで、1 日 48 時間帯の中での特定時間帯、例えば 8：00 〜 8：30 といった時間帯でサンプル期間内に登場するマージナルプラントの出現回数が見えてくる。そして、石炭焚き、LNG 焚き、石油焚きの 3 種類のマージナルプラントが

出現した際の、それぞれの国内需給状況とマーケットヒートレートの関係が設定できれば、最終的な電力フォワードカーブの水準を計算することができる。

そのため、これら国内の電力需給状況を示す指標として、サンプル期間内における国内電力需要と供給の実績データから計算される予備率[85]を採用することとした。ただし、Excel 上の計算量の制約もあって、全国大の最大供給力に対する時間別電力需要合計値で予備率を計算した[86]。この予備率データと燃種別のマーケットヒートレートのデータから成る分布情報より、燃種別・時間帯別に回帰式を求めることができる。そこで、時間帯ごとの将来予備率が想定されれば、この回帰式を用いて当該時間帯のマージナルプラントに応じた燃種別マーケットヒートレートが求まり、先の（1）式によって電力フォワードカーブの水準が定まることになる。

将来予備率の想定と電力フォワードカーブの算出

ここまでは、燃料価格と為替フォワードカーブを用いて電力フォワードカーブのベース水準を求め、その上で国内電力需給の特徴を把握すべく、過去実績をもとに定量的にアプローチした。これにより、予備率とマーケットヒートレートを結びつける燃種別・時間帯別の回帰式が定まり、その回帰式を将来予測に応用することが可能となる。つまり、将来の予備率が求められれば、その予備率に応じたマーケットヒートレートを計算することができる。

将来の予備率は、将来にわたる需要予測と供給力想定が整理できれば、求めることができる。とはいえ、この作業は全くこれまでとは異なる。市場においてフォワードカーブが成立していない中で、フォワードカーブモデルを運営する際には、電力需給予想は避けて通れない。一方で、電力の需給予想は、為替や株式、債券市場といった金融における各市場の需給予想に比べて、需要と供給の発生源や季節や時間帯による周期性が明確に存在する。従って、F-Power の場合、1 年前と同様な需給環境の再現と直近

の期間に特有な需給要因、例えば、原子力再稼働といった大型の特定電源の投入や定期点検といった供給停止、気温や天気といった気象要因による変動といった諸条件を需要予測や供給力想定に反映することで、電力需給のシナリオを設定した。このあたりは、モデル運営者の知見や、より確度の高い情報を保有することによって、多様なアプローチが考えられる。また、将来の予備率に関する時間的な粒度も、需給予測の細かさによる。[87]

　しかしながら、いったん、需給予測が定まれば、需要と供給データの時間的粒度に応じた将来予備率が想定される。特定の時間帯に対する将来予備率が決まり、その時間帯のマージナルプラントが定まれば、先の回帰式からマーケットヒートレートが求まり、(1) 式によって電力フォワードカーブの水準が決まる。そこで、対象時間帯のマージナルプラントを石炭焚き、LNG焚き、石油焚きから選定する必要がある。そのために、サンプル期間内の同時間帯に出現した電源の種類とその際に観測された全予備率を対象に平均値を計算し、将来予備率に最も近い平均値を示す電源の種類をマージナルプラントとするアプローチを採用した。[88]これにより、30分の時間帯ごとに認識される将来の予備率とそれに対応した電力フォワードカーブの水準を定めることができた。[89]

⑦電力価格シミュレーション機能
フォワードカーブの特性を活かしたモデル

　ここまでで、電力ビジネスにおける将来のギャップに対して『収益構造見える化』モデルを通じた可視化を図り、そのギャップを評価するための基準値として電力フォワードカーブを求めた。本来的には、この段階で将来損益の計測を始めたいところであるが、先の収益管理機能の項で触れたように、Excel環境の中でこれを実現するのはかなり難しいと思われた。

　そこで自らのポートフォリオに内在するリスクを端的に表現するために、電力フォワードカーブが想定する1カ月の損益が、月末までにどの程度変動するかを示すバリュー・アット・リスク（VaR）を計測すること

にした。そのためには、電力価格が変動する特性をコンピューターで再現するためのシミュレータを作成することになる。金融の世界では、為替や金利を原資産として、それらの原資産に特有な価格変動を再現する確率モデルがいくつも推奨されている。電力価格の場合、第2章(ア)①フォワードカーブに関する課題で電力価格の特性を整理した。

- フォードカーブモデルの選定
  電力の価格形成過程を需給均衡としてファンダメンタルモデルで考えるか、他の燃料・為替フォワードカーブの派生モデルと考えるか
- フォワードカーブの形状表現
  1日48個の価格が形成され、周期性を持つこと
- フォワードカーブの中心回帰性
  基準値としてのフォワードカーブから乖離しても、ある程度の時間をかけてでも、価格が基準値に戻ってくる性質があること
- フォワードカーブにおけるジャンプの取り扱い
  突然の事象に反応して、基準値を大きく離れて価格が成立すること

　これらの電力における価格特性を表現し、運営者が管理できる確率モデルが求められた。何よりも、運営者が電力フォワード価格の特性を管理できることが必須であった。確率モデルによっては、多くのパラメーターを設定し、運営する必要がある。

電力価格シミュレータのモデル選定
　そこで、モデルを運営する上で重視したのは、運営者が管理・運営できるパラメーターの性格や数になる。多くの似通ったパラメーターがあると、過去データからのパラメーターの抽出やその調整が難しくなる。その結果、F-Powerでは、平均回帰性を持つOrnstein-Uhlenbeck過程（O-U過程）にジャンプ過程を組み合わせたモデルを採用した。

3 F-Power におけるアプローチ

Ornstein Uhlenbeck過程

$dC_{t+1} = \alpha [\theta_t - C_t]dt + V(t)\cdot C_t \cdot dW_t$ ①
$dJ_{t+1} = \beta [0 - J_t]dt + dq_t$ ②
$dP_{t+1} = dC_{t+1} + dJ_{t+1}$ ③

　本モデルは、第2章(イ)③パラメーター抽出における課題で紹介したものである。このモデルの場合、α値やβ値、ボラティリティーにジャンプの発生状況を過去データから抽出することになるが、モデルの運営者が定期的に過去データから推定し、将来を表現するのに管理可能な種類や数だと判断した。また、実際にプログラムに落としてシステム化し、それを運営するにあたっても十分実現可能であると考えた。

モデルの適用

　このモデルをどういった切り口で電力フォワードカーブに適用するかが次の課題である。どういった時間的粒度でモデルを適用するのか、1日48

図16　電力価格シミュレータの活用

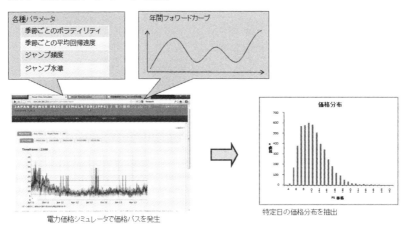

コマの周期性があるフォワードカーブにそのまま適用するのか、その際のパラメーターの安定性や抽出の難しさが想定された。そこで、48個の価格が1日の中で成立する性質を再考した。夜間は夜間なりの、ピーク時間帯はピーク時間帯なりの、その他日中時間帯はその他日中時間帯の価格の振る舞いがある。年間では季節性があるものの、電力価格は基本的に気温の変動に沿った動きをする。夜間は夜間なりの気温に沿って電力価格は推移し、ピーク時間帯はピーク時間帯の気温に沿って電力価格が動く。そこで、30分の時間帯ごとのフォワードカーブを想定し、その一本一本に当該モデルを適用することとした。また、それに対して10,000通りの価格パスを作成するモンテカルロシミュレーションを適用した。[91] 懸念したのはモデルの計算時間であったが、相応のサーバーと並列処理による高速化を図れば、数分内に計算処理できる見込みが立ったことから、開発に着手した（図16参照）。

⑧ VaR計測機能

特定の電力価格に対応する損益水準を示す、30分毎の損益関数が『収益構造見える化』モデルで表現された。また、フォワードカーブを中心に30分毎に価格パスを作成する『電力価格シミュレータ』が開発された。この2つの情報を組み合わせることで、将来の電力市場における特定価格水準に対応する損益額が分布情報として入手することができる。

ただし、『収益構造見える化』モデルは、平・土・休、ピーク・ピーク除く昼間・夜間の3×3で表す9時間帯で作成した。従って、月末までの損益を想定するために、もう一工夫が必要になる。すなわち、月初の段階で1カ月の損益パフォーマンスを推定することとなるため、平日、土曜、休日の代表的な需給構造を想定して、『収益構造見える化』モデルを作成する必要がある。そこで、月中の気温水準を想定し、その月の発電所等の供給力の運転状況を織り込んで、3×3時間帯の代表的な収益構造を想定することとした。

図17　VaR作成のプロセス

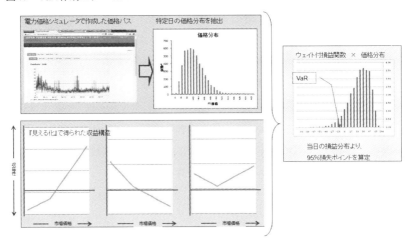

　また、実際の『収益構造見える化』モデルでは、一定の価格差で市場価格を順次動かすことにより求められる損益額をグラフでプロットし、それをつなぐ方法で合成関数を作成した。一方で、『電力価格シミュレータ』で計算された価格は、一定の価格差を保持していない。そこで、シミュレータで計算された価格に対応する損益水準は、3次スプライン等適切な補間を用いて求めることとした。

　以上のアプローチを採用することで、損益分布の期待値、並びに標準偏差に対して一定の掛け目を乗じた閾値で表現するリスク値を計算することができるようになった。いわゆるVaR値である。損益分布を正規分布と仮定した上で、1%の確率で発生するリスクシナリオを99% VaR、5%の確率で発生するリスクシナリオを95% VaR[92]と呼ぶ。F-Powerでは、後者を日頃から運営する実務的な指標として採用することとした。[93]

⑨モデルの限界と課題

　ここまでの取り組みは、電力ビジネスにおけるリスク管理の道筋に目途をつけるための初期アプローチであったと考えられる。拙訳の『電力取引

とリスク管理』において紹介されたペイオフダイアグラムを用いたリスク管理手法を中心に、電力ビジネスにおいてあるべきリスク管理環境を手探りで構築したことになる。金融やトレーディングの世界で経験したリスク管理の概念や、日本の国内電力業界における実際の制度運営を考慮した環境構築であった。その結果、VaRの作成を目標とする一連のものづくりには一定の成果が出た。その上で、2年程度の実運用をこなした。その間、3×3時間帯に沿った『収益構造見える化』を毎月初に提供し、各時間帯における損益分岐点を示すことができた。また、電力価格シミュレータに必要なパラメーターを過去データから抽出し、月次VaRを計測しながら実現した月次損益との突合を進めた。月次VaRの計測には、月次損益の期待値計算も行われ、2つの値からリスクリターンも計測される[94]。良い結果の時もあれば、あまり良い結果が出ない時期もあった。しかしながら、毎月の損益水準を想定し、電力価格が変動するインパクトを事前に社内共有することを通じて、こういったリスク管理のアプローチは各種社内運営において一定の役割を果たせることが浸透していった。それは、市場価格の変動に応じて自らの損益水準が決まり、それを事前に予想したり、その要因を事前に理解したりするExerciseが、自分たちのビジネスの強さや弱さを理解するための意義ある分析であるとの評価や支持を社内的に得るプロセスでもあった。しかしながら、この初期的なアプローチには多くの限界があった。

　まずは、Excel環境を中心に構築した計算環境であるため、作業手順やステップが相応に発生し、各ステップで生じる計算時間も長かった。一度計算した結果を基準に、何らかのインプットを変更して結果を比較するといったシミュレーション的な運営は、時間もかかってなかなか対応が難しかった。

　また、時間的な粒度や柔軟な計測期間の変更等も困難であった。時間的な粒度に関していえば、フォワードカーブは30分単位で想定する市場価格を設定できるものの、『収益構造見える化』における3×3時間帯に沿

った集計しかできなかった。2014年あたりから太陽光発電が市場価格に影響を与え始めたが、日照のある時間帯に沿った供給力増加や電力需要の相殺効果を表現できない。一方で、翌年度の事業計画を展望した議論になれば、3カ月や半年近く前から、翌年度の話が始まるようになった。そうなると、足元から1年といった計算環境では不十分となる。3カ月や半年先から1年を見通した分析や情報提供が必要となる。

　その他、東西分断が発生し始めると、全国1システム価格を柱としたリスク管理では、きめ細かな分析や情報提供が難しくなった。F-Powerの営業エリアが拡大するに応じて、Excel適用エリアを拡げ、その度に作業時間や計算時間が長くなっていった。『収益構造見える化』やVaR計測も、全国単位から東西エリア別、場合によっては9エリア対応を展望した分析・調査ニーズが生じてくることは誰の目にも明らかになっていった。

　これらの限界が最も意識されるのは、事業計画策定時である。事業計画を策定する際には、多様な経営環境の変化とその影響を事前に把握しておきたい。そういったニーズが年々高まると、当初スタートしたリスク管理環境のグレードアップが必須となった。そこで2014年春先には、初期リスク管理におけるExcel環境で得た知見を引き継ぎつつ、計算環境や使い勝手を抜本的に見直して新たなリスク環境づくりを目指す、リスク管理ツール構築プロジェクトを立ち上げた。そこで、社内関係者の取り組み意識を統一すべく、Risk Analysis Workbench（RAW）プロジェクトと命名した。

(イ) リスク管理の高度化
——Risk Analysis Workbench(RAW)への展開

① モデルを作成する際の課題や諸前提
モデルの機能要件

　リスク管理における計算環境を見直すにあたって、どういった機能を目

標に定めるかといった重要なテーマがある。あまりに非現実的で理想的な機能を求めても、またExcel環境とそれほど変わらない状況を想定しても、いずれも成功したとは言えない。実現可能であり、その中で最も効果が期待できる状況を思い描き、その上でプログラム開発者が開発できる仕様に落とし込む必要がある。これは、案外難しい判断となる。おそらく、それまでのExcel環境で構築したリスク管理の初期アプローチとそれを通じた運営経験が無ければ、答えは簡単に見つからない類の話ではなかったかと考えている。最終的に描いた機能要件は、以下に整理できた。

- 30分単位で収益管理やリスク管理が実現できる
- 6年先までの計算能力を持つことができる
- 収益管理やリスク管理が過去実績にも、将来シミュレーションにも適用できる
- 日本全国に適用でき、また9エリアや東西エリア等の部分集合に対する分析もできる
- 業界別やロードカーブ形状別に需要家を区分して分析ができる

　かなりチャレンジングな機能要件である。しかしながら、電力価格シミュレータの開発実績を踏んで、現行のIT環境においてこのような機能要件も実現可能と考えた。

開発ベンダーの選定
　また、自分たちが経験し、そこから見出したニーズと仕様を理解する開発者を見つけるのも案外大変である。下手に経験や実績があると、その考え方やノウハウ、手元にあるプログラムソース等に引きずられて、作ってもらいたいものから外れた、場合によっては歪んだ成果物になりかねない。金融の経験や旧い電力事業システムにかかわった外部ベンダーは、実績があること自体がネックになる。そこで、純粋に当方ニーズを理解し、その

実現のための回答やアプローチを適切に提供できる外部ベンダーの選定を行った。むろん、内部開発を図るアプローチも本来存在するはずであるが、まだ規模が小さかった当時のF-Powerでは非現実的なアプローチである。従って、金融や電力ビジネスでは、あまり電力業界においては実績のない外部ベンダーであるものの、構造計算や流体解析等の数値計算ツールを手作り的に開発する手法に付き合ってくれて、またそういった実績を持った外部ベンダーをあえて選定し、RAWの開発を進めることとした。

粒度の緻密化

　RAWの特徴は、大量のデータを正しく取り扱えるようにすること、それと電力ビジネスのリスク管理やトレーディングに不可欠であり、共有できる計算エンジンを用意すること、更に典型的なアウトプットの形式を揃えておき、後で使いまわしができるようにしておくことである。いったんこれらが整理されると、インプットを制御すればインプットに応じた計算結果を得ることができると考えた。

時間的粒度

　まずは、時間的粒度である。F-Powerで用意したフォワードカーブは、そもそも30分単位であった。電力価格シミュレータも、それに応じて30分単位で構成した。RAWにおいて実現する収益管理や『収益構造見える化』、VaR作成機能等、すべてにおいて30分単位で取りまとめることを目標とした。そうすれば、30分単位で損益や見える化、VaRを把握できること、その上で集計対象期間を自由に選定することができれば、週間も月間も、ピークのみとか夜間のみといった任意の期間に対する損益集計やリスク分析が可能となる。

　また、同じ枠組みを保持することができれば、過去の実績に対しても、将来の予想に対しても、同様な計算が可能となる。いわゆる同一の計算エンジンを使いまわすことになる。RAWの機能要件の中では、6年先まで

設定した。これは、今後事業計画で5年計画を策定する必要が出てきた際に、数カ月前から事業策定の作業を行うと思えば、6年先までの計算能力があれば十分と考えたからである。従って、6年先まで30分単位で損益集計やリスク分析を行う能力を持つことになる。しかしながら、計算に用いる計算エンジンは、やはり同一のものである。

対象ポートフォリオの粒度

もう一つの切り口は、計算エンジンに投入する需要家契約情報や発電契約情報の内容をどのように絞り込むかといった点である。こういった需要家契約情報や発電契約情報の内容を総じてポートフォリオと呼ぶことができる。その結果、対象とするポートフォリオを上手に抽出、選定することで、想定通りの計算結果を計算エンジンから得られることができる。

そのためには、抽出の条件を上手に設定し、コントロールできるユーザーインタフェースを作成する必要がある。考えられる抽出の切り口は、地域や業種、官需・民需、電圧部門別、契約電力の大きさ別、施設の電気用途別、ロードカーブの形状別、これらの条件の組み合わせ別等がある。これらの各条件においても、どの程度の粒度で抽出条件を設定するかといったテーマもある。例えば、地域別といっても9エリア管轄区域別が最もスタンダードだと思えるが、その他県単位や東西エリア（60／50ヘルツ）別といった地域のくくり方にも自由度が必要である。

こうして、各種抽出条件を設定する際の自由度を担保する、わかりやすいユーザーインタフェースの設計が求められた。

分析の切り口と計算エンジンの活用

時間的粒度と対象ポートフォリオの粒度に沿った抽出条件の掛け合わせで、より自由な分析対象の絞り込みができ、期待した計算結果を得ることができる。特定した期間において抽出したポートフォリオを対象に計算する計算エンジンは、安定した同じロジックで何度も計算に用いられる。そ

のため、より高速に計算終了することが求められた。抽出条件の設定を間違えたのに、計算が終了するまで待たなければならないのではたまらない。従って、計算の高速化は必然のニーズとなる。ただし、当初から高速化をあまり目指しすぎると開発の目的が分散する可能性がある。そこで、当初は一本筋が通った計算が完了することを優先し、そのために必要以上のユーザーの使い勝手やデザインは劣後させることとした。

②RAWにおける機能の拡充
収益管理機能
収益実績管理

　RAWにおける収益管理機能は、日報で培った経験をそのまま30分単位で実現するところから始まった。そのためには、入力情報をすべて30分単位で整備する必要がある。需要家の電力使用量情報は、各エリアのネットワークセンターから提供されることは先に触れた。発電量に関しては、計測器を持つ発電設備であれば、30分単位の発電量を取得することができる。しかしながら、大小数多くの発電設備が取引先に入ってくると、すべて実発電量を30分単位でタイムリーに取得するのは困難になる。そこで、発電量の大きさや変動のインパクトを見ながら、適切に計測器を導入していくことが必要となる。一方で、どうしても計測器を設置できなかったり、設置するほどの大きさではない発電設備の発電量だったりする場合に関しては、プロファイリングや発電に関する計画値を採用した。

　これらの需要量や発電量を利用して30分データを用意する。その上で、この需要量や発電量に対して、従量料金や託送料金として時間帯や季節性に沿った料金単価を設定する必要がある。そのためには、各エリアの平・土・休日を正しく認識するカレンダーの設定から行う必要がある。この点では、あたかも請求書システムを用意するようなものである。つまり、全国をカバーするとなれば、全国各エリアの料金メニューやそれに沿った料金単価を適用する仕組みを用意する必要がある。各需要家や発電事業者と

の契約内容に応じて、必要なカレンダーと該当する契約料金単価について適正な ID を設定し、これらのコントロールを実現した。また、基本料金に関しては、通常月額料金であることから、該当月における 30 分コマの数で割った金額を各 30 分単位の損益計算に用いた。

このようなアプローチを採用することで、30 分単位で実際の需要量や発電量に応じた資金の出入りを把握することを実現した。その結果、収入と支出に分けて損益状況を 30 分単位で把握することを可能にした。また、需給調整を行った後に認識されるインバランスは、日々のオペレーションの結果として残る実績であり、これも RAW で計算する損益に取り込む

図18 時間帯を絞った日報の例

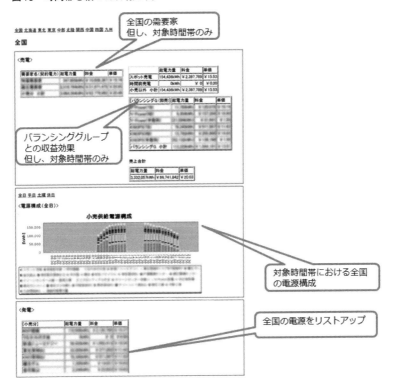

3 F-Power におけるアプローチ

こととした（サンプルについて図 18 参照）。

将来シミュレーション

将来に対して収益管理機能を適用することが、将来シミュレーションになる。先の収益管理機能で作成した計算エンジンを将来シナリオに対して適用することができれば、将来シミュレーションは完成する。言葉で書けば簡単であるが、実装はそう容易ではない。

まずは、各種契約情報を RAW に登録するにあたって、その契約が該当する損益関数の情報も認識するように設計した。損益関数の中には、Must Run 電源を保有するような傾き＋1 の単純なロングポジションや同△1 のショートポジション、Middle 電源や Peak 電源といった発電設備を保有する際のロングコール、その逆のショートコール、そのほかロングプットとショートプットという 6 種類がある。RAW に各種契約情報を登録するにあたっては、これらの 6 種類のどのスタイルに属するかわかるよう ID を振ることとした。

こういったオプション性の有無を示す ID を各契約情報が保有することで、30 分単位で市場価格の水準で市場を利用するか、あるいは契約通りの取引執行とするか否かを判断する仕掛けを組み込んだ。ただし、過去の

収益実績を積み上げるにあたっては、このような市場価格との比較を行う必要はなかった。市場価格との大小にかかわらず、実績として取引を行った結果が日々の収益として手元に残るからである。しかしながら、市場価格と比較する機能は、もっぱら収益シミュレーションを行う際に、どういった取引執行が合理的か判定するプロセスであり、将来損益を見通す上でのロジックとして組み込む必要があった。

　まず、RAWの中には、需要家サイドも発電サイドも、個別に需要量や発電量予測を投入する必要がある。そこで、需要家の需要量を予測するにあたっては、1年間の過去実績データがある場合には、その実績データを最大限尊重するアプローチを採用した。存在しない、ないし部分的にしか存在しない場合は、別途指定する需要家の過去実績を参考にして予測データを作成することとした。作成する際には、最近使用した電力需要量を基準に、昨年と同様な電気の使用量推移になるよう、年間同週同曜日の電力使用量を拡大・縮小することとした。つまり、個別需要家の過去1年間の需要ロードカーブの波形を採用し、データが不足する際には類似需要家のロードカーブの波形を借りてくるアプローチである。一方で、発電量は個別の発電施設の計画値を採用した。データの値は、計算対象とする期間の全発電施設となるため大量のデータとなるが、30分値としてExcelで展開し、CSVに変換して入力フォーマットを作成した。

　一方で、予測した需要量や発電量に対して、従量料金や託送料金として時間帯や季節性に沿った料金単価を適用することになる。この場合、既に開発済みの収益実績管理がそのまま適用可能となる。その際に、各エリアの平・土・休日を認識したカレンダーを用いるのも同様である。基本料金の適用方法も、収益実績管理の機能と同じである。つまり、将来の電力需要や発電供給量の予測値以外は、収益実績管理で作成した計算エンジンンをそのまま将来シミュレーションに転用することが可能と考え、そういった方針を保持しながら開発を進めた。

　その上で、需要量と調達量の差分に関して市場調達や運用を行う設定と

した。その際に適用する市場価格水準は、別途作成したフォワードカーブを特定することで損益計算を行えるものとした。また、過去の収益実績を積み上げるにあたっては、インバランスによる損益も実績値として反映していた。将来シミュレーションにおいては、とりあえずインバランスは発生しない形でシミュレーションを行うこととした。つまり、需給の過不足は市場取引できれいに埋まる姿を基本シナリオとした。もしインバランスの効果を加味したい場合には、別途何らかの分析をRAWの対象外で行い、その結果と合わせて判断することが必要となる。

　これらの機能や前提を設定することにより、将来シミュレーションが実現可能となった。具体的には、基本的な将来シナリオにおける各種インプット情報を変化させることで、損益に対するインパクトを事前に確認することが可能になる。典型的には、需要ロードカーブのシフトである。夏期のピーク時に需要が急伸する、ないしは冷夏が訪れるといった状況が想定される場合、該当する時間帯の需要ロードカーブをシフトさせる機能を用意した。時間帯ごとの掛け目表を新たなCSVファイルとして用意し、需要ロードカーブの大きさを整合的に変化させる機能を組み込んだ。その他、原子力発電の再稼働シナリオや太陽光発電の効果を織り込む際には、該当する日付や時間帯に応じて発電量の計画値ファイルに発電効果を織り込む運営とした。また、特定のエリアで値上げが想定される場合には、料金テーブルの中に仮想料金メニューを設定し、それを適用した新契約を将来的な見込み契約として追加投入できるようにした。

　いずれにせよ、こういったプロセスを経て、各種シナリオに沿った30分単位の収入・支出が計算され、併せて将来シミュレーションにおける損益状況の把握が可能となった。また、こういった収益実績管理や将来シミュレーションの過程で生成されている計算値の中には、細かな分析を行う上で大変有用な情報が存在していた。従って、中間計算結果を取得することができるよう、ログ排出機能も用意した。

データベースの整備

　以上のような収益実績管理や将来シミュレーションをスムーズに行うためには、大量の正確なデータ投入が必要となる。本来、関連するデータを保持・整備しているデータベースが存在すれば済む話であろう。しかしながら、現実はそう容易ではないことが多いのではないだろうか。読者の方々もこの本を読んでみて、RAWと同様なリスク管理システムの開発に挑戦して頂きたいと願っている。しかしながら、おそらく同システムを成り立たせる正確なデータの収集と整理・投入は、多くの方々が最初に越えなければならない大きなハードルなのではないかと想像している。

　自分の場合は、F-Power入社前から日報を作成する実績があったことから、収益管理に関する実務に耐えたデータ収集と管理の手法が存在していた。その分、恵まれていたといえる。しかしながら、RAWが必要な各種30分データを大量に取り扱うには、相応の環境が必要になる。F-Powerにおいても、関連する業務システムから必要な各種データを収集するには、そういったシステムの改良や開発を待つ必要があった。そこで、大量のデータを整理・投入するプロセスとして、RAW自身に小規模なデータベースを持たせ、そこへの投入は担当者が整理したデータをCSVファイル経由で投入するアプローチを採用した。また、CSVファイルを用いてデータを整理・投入するにしても、どういった種類や内容のファイルにまとめるかによって、作業の容易さや投入ファイル数が変わる。このあたりの見通しや設計についても、ある程度の考慮が必要である。

収益構造見える化機能

　収益実績管理や将来シミュレーションに続いて次に開発を手掛けたのは、『収益構造見える化』機能である。収益実績管理機能で損益計算の仕組みを作成し、将来損益を計算するための必要データが用意されたことから、30分ごとの損益関数、いわゆるペイオフダイアグラムの作成が可能となる。ただし、需要家、並びに電力調達に関する各種契約の合成になる

ことから、計算式で容易に表現されるような関数とならない。そのため、電力市場の価格に応じて将来損益の水準が決まることから、例えば電力市場価格が0円／kWhから0.5円／kWhずつ上昇する際の損益水準を計算し、同結果をグラフ化することにした。これにより、ポートフォリオ全体の損益水準について、電力市場価格に応じたペイオフダイアグラムの形状を概観することができる。

　RAWにおいては、30分単位で当該ペイオフダイアグラムを作成できるが、対象ポートフォリオや時間帯を絞り込んだり、集約したりすることで、様々な損益状況を見える化することができた。こういったアプローチを採用することで、時間帯ごとに需要過多になっているのか、調達過多になっているのか、バランスが取れているのかといった違いについて、容易かつ視覚的に確認することができる。需要過多であれば、傾きがマイナスで右下がりの損益関数となる。先に説明した損益関数の形状でいえば、スマーク（Smirk）と呼ばれる形になる。調達過多であれば、傾きがプラスで右上がりの損益関数となる。バランスがとれていれば、いわゆるスマイル（Smile）や水平に近い形状になる。こういった損益関数の形状や位置取りによって、保有するポートフォリオに関する時間帯別の損益特性を視覚的に理解することができる（サンプルについて図19、図20参照）。

　その他、『収益構造見える化』において利用したい情報には、損益分岐点やフォワードカーブ水準に応じたデルタ値がある。前者は、損益がちょうど0円になる市場価格の水準である。後者の場合は、典型的には損益計算する該当時間帯のフォワード価格の水準に応じた損益関数の傾きであり、例えば当該フォワード価格が1円／kWh上昇した際に損益が変動する金額を示すものである。ただし、損益関数は単調に増加・減少するとは限らないため、いくつかの市場価格水準に相当するデルタ値も知りたいニーズがある。そういった特定の市場価格水準におけるデルタ値を表示する機能も作成した。これら以外にも、当該時間帯において必要な電力調達量に対する市場調達量の割合を示す比率も観察しておきたい指標である。こ

図19 収益構造見える化の例(1)

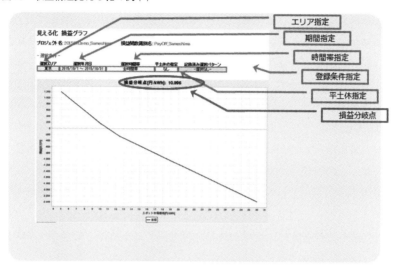

図20 収益構造見える化の例(2)

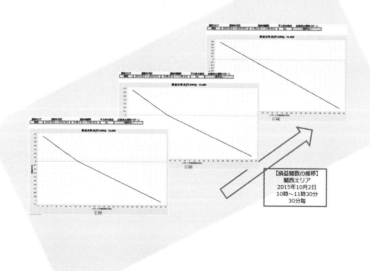

ういった指標も『収益構造見える化』の副産物として有用である。

フォワードカーブ作成機能

　『収益構造見える化』が実現した時点で、市場価格の水準に対応した損益水準を計測する下準備ができたことになる。このプロセスを損益分布情報に展開するためには、30分ごとの将来価格水準を用意する必要が出てくる。F-Powerにおいては、第3章(ア)⑥電力フォワード作成機能で説明した通り、Excelファイル群であるものの、既にマーケットアプローチによるフォワードカーブを作成していた。従って、同ファイル群の計算ステップをJavaとC++によってコード化することが開発内容となった。しかしながら、当該機能をプログラム化するにあたっては、Excelファイル群では実現できなかった機能を追加することを目指した。

　まずは、フォワードカーブを作成する際に参照する過去データについて、より柔軟に選定できるようにした。例えば、マージナルプラントを選定する際のサンプル期間設定において、担当者が期間選択を自由に選定できる機能を用意した。また、マーケットヒートレートと予備率との相関を見る期間を柔軟に設定できる工夫も考えた。その他、燃料調整費を計算するにあたって、期ずれ効果の現れ方を変えることができる機能も考えた。

　それ以外に最もチャレンジングであったのは、全国大やエリア別の需要量や発電量に関する将来の予測値を精緻化し、予備率を用意する試みである。予備率を計算する場合は、エリアごとの実績としての電力需要量や供給量を元に計算する必要がある。旧一般電気事業者が各エリアで公表している実績としての需要量は、1時間単位で各社のホームページや広域機関システムが提供する需要実績画面から取得できる。しかしながら、供給量は1日当たりのピーク時供給力の実績や予想値は公表されており、1時間や30分単位のものは入手できない。そこで、実績値としての1時間単位の需要量は30分ごとに同じ値として展開することにしたが、30分ごとの

供給量は当日のピーク時供給力で代用した。さらに、これらの実績データをもとに将来にわたる需要量や供給量を想定し、そこから予備率を推定する流れとなる。本来的には、30分ごとに需要量や供給量が公表されているとデータの準備はよりシンプルであるが、このあたりは今後の課題である。RAWにおいては、最大限細かな30分単位でデータを取り込む切り口を用意しておいたことになる（サンプル参照）。

　また、何よりもエリア別に需要量や供給量を設定することで、予備率の設定がエリア別に可能となったことから、エリア別のフォワードカーブ作成機能を用意できた。加えて、東エリアと西エリアに分けてフォワー

図21　フォワードカーブ計算結果のグラフ例

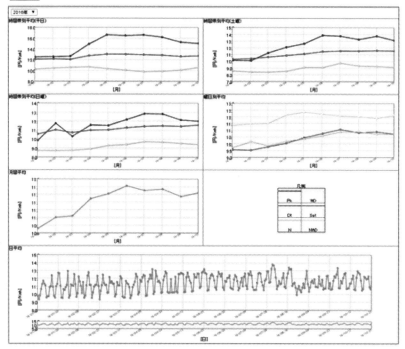

ドカーブを作成する機能も用意した。いずれにしても、これら諸機能は、Excel ファイル群では実現したくても実現できなかったものばかりであった。

最後に、作成したフォワードカーブ情報は、関連する将来シミュレーションにおいて取り込み可能な機能を作り、また電力価格シミュレータやその他プライシング機能にも直接取り込みができる CSV ファイルを排出できる機能も用意した。

VaR 作成機能

VaR は、電力価格シミュレータで作成したパス情報と『収益構造見える化』の損益関数情報を重ね合わせることで作成される。しかも、RAW における VaR 作成機能においては、30 分ごとに VaR を作成することを目指した。電力価格シミュレータで作成するパス情報も 30 分単位であったし、RAW において新たに整備した『収益構造見える化』機能でも 30 分単位で損益関数を作成することとしたことから、30 分単位の損益分布情報が得られることとなり、目指す VaR 値や標準偏差、期待損益水準といった統計情報を取得することが可能となる。

電力価格シミュレータにおいて価格パス情報を作成するには、最初にフォワードカーブを投入する必要がある。そこで、RAW における新たなフォワードカーブ作成機能によって排出したフォワードカーブ情報に関しては、CSV ファイルとしてそのまま電力価格シミュレータへ投入することができる仕様にした。そのため、従来から利用している電力価格シミュレータを通じて必要な価格パスを取得することができることとなった。この段階では、RAW の開発に合わせて電力価格シミュレータに改めて大きく手を入れることはしなかった。そもそも 30 分単位でフォワードカーブを取り込むことを想定して開発しておいたことが奏功したといってもいい。そこで、RAW において該当する CSV ファイル名を指定すれば、VaR 作成機能に取り込めるインターフェースを用意した。

加えて、事前に『収益構造見える化』にて作成しておいた損益関数を指定することで、RAWにおけるVaR作成機能の中に必要な損益関数情報を取り込めるインターフェースを作成した。『収益構造見える化』において計算対象とするポートフォリオを事前に定めていることから、VaR作成機能を通じて得られる計算結果も、その『収益構造見える化』で選定した範囲内で細かな各種統計情報が取得できることとなった。つまり、エリア別であったり、業種別であったり、契約電力や電圧別、ないしは特定の企業や需要家グループに対するVaR値や期待損益水準を計測することが可能となった。そこで、VaR値をリスクとみなし、期待損益水準をリタ

図22　VaR計算結果の例(1)

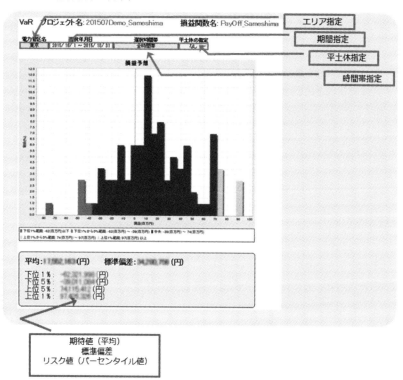

ーンと考えれば、指定した期間における対象ポートフォリオに対して、リスクリターン比率を計算することが可能となった(サンプルについて図22、図23参照)。

図23 VaR計算結果の例(2)

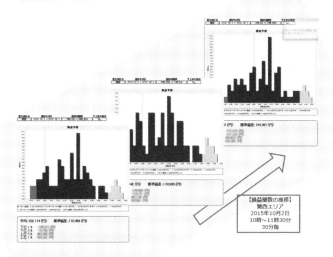

4
VaRを用いたビジネス応用例

　2年間かけて開発したRAWであったが、指定したポートフォリオに対して30分単位でVaR情報が取得できるようになり、この段階で当初想定したRAWの姿はおおよそ実現したことになった。そこで、こういったリスク管理モデルを作成し、運営することで、どういった世界が展開可能か紹介することとしたい。

㋐ 事業計画策定への適用

①将来シミュレーション機能の応用

　典型的な応用例が事業計画を策定するケースになる。この場合、事業計画を策定する期間に合わせて、需要量想定や供給量想定を作成しなければならないのは言うまでもない。対象とする期間が先になればなるほど、様々な想定が入り、予想するのは難しい。しかしながら、事業計画の想定に合わせて、エリアごとや特別高圧・高圧・低圧別、ロードカーブの形状別といった需要家獲得戦略、PPA契約や電源開発、その他点検情報等を織り込んだ調達計画をなるべく丁寧に将来シミュレーション機能の中で表現していくようにする。

　加えて、市場価格水準に関する想定を入れ込むことになる。その際に、フォワードカーブを投入するのも一つのアプローチである。しかしながら、フォワードカーブが現時点で取引可能な市場価格水準を示すものであると

するならば、将来のある時点に実現する市場価格とは別物である。そのため、外部情報は運営者の相場観も織り込んだ想定市場価格の水準をフォワードカーブの代わりに投入することも考えられる。いずれにせよ、市場価格に関する将来水準を反映することで、事業計画の対象年度において想定可能な損益水準を探ることになる。

②『収益構造見える化』機能の応用

　将来シミュレーションの中に将来シナリオを設定することができれば、『収益構造見える化』機能を用いて、事業計画期間全体を対象にした損益関数を計算することもできるようになる。また、ピーク時や日中・夜間帯といった時間帯や夏期・冬期といった季節別といった切り口で損益関数の特徴を確認することができる。さらに、エリア別や業種別といった切り口で適用することにより、対象ポートフォリオの問題点抽出に活かすこともできる。そこで、こういった問題点に応じたメニューの開発やサービスの提供といった商品開発にも応用可能となる。

　つまり、事業計画が対象とする将来ポートフォリオにおいて、経営的な課題を事前に見通すことになり、それに向けた対策を検討し、先んじて講ずることができるようになる。

③ VaR機能の応用

　『収益構造見える化』の損益関数に対して、電力価格シミュレータで作成されたパス情報を適用すれば、損益分布が30分単位で作成することが可能である。そのため、30分単位の細かな時間帯から、時間帯や季節性を絞る、ないしは対象期間全体にわたるものまで、損益分布を作成することができ、統計情報を取得することができる。将来シミュレーションは、ある特定の市場シナリオに対する損益予想である。それに対して、電力市場の価格変動にさらされた結果としての平均的な損益水準や、5%の確率で発生する可能性がある損益水準をVaR値として予測することができる。

また、計算対象とするポートフォリオを絞り込めば、それに応じた統計情報が得られるのは言うまでもない。

　VaR作成機能を事業計画に適用することで、メインとする事業計画の平均的な期待損益水準に対して確率的な損失、及び期待可能な確率的利益水準を想定することができるようになる。従来の事業計画が想定するシナリオ1本に対する損益予想であったのに対して、損益の振れ幅やその際の確率的水準を追加的情報として入手することになる。『収益構造見える化』において将来ポートフォリオの課題抽出ができたが、その課題が市場価格の水準やその変化の程度に照らして損益的にどの程度問題なのか否かが、より具体的に見通せることとなる。つまり、『収益構造見える化』で潜在的で構造的な課題と思われたものが、市場水準や変化の具合によっては大きな問題であったり、逆に相対的に小さな問題であったりすることがある。こういった潜在的、構造的課題が顕現化する可能性について、事前に評価できることがVaR分析の利点である。この分析結果を用いて、損益状況やリスクとしての損失水準を向上すべく対応策を検討したり、商品開発に応用したりすることは、『収益構造見える化』の応用を考えた場合と同様である。

④シナリオ分析とリスク対応策

　ここまでの将来シミュレーションや『収益構造見える化』機能、VaR作成機能を用いて、様々なシナリオ分析も可能になる。つまり、想定したメインシナリオに対して、仮想シナリオを適用することでどういった損益状況に変化するか、ないしは収益構造に変化するか、あるいは、改めてVaRを計測することでどういった損失分布に修正されるかといった情報を収集することができる。そのためには、メインシナリオで採用した市場価格情報や需要量想定、供給量想定、料金想定、販売戦略、新商品戦略等々に対して、新たな変更を加えることで各種仮想シナリオを用意することになる。従って、何が原因でどういった状況が生じるかといった検討を事前

に分析することが可能となる。

　典型的には、最悪シナリオを想定した分析である。VaRの場合、確率的な最悪シナリオを想定するが、いつどのような要因で想定するシナリオに至るかといった情報を得ることができない。これに対して、シナリオ分析を用いて最悪シナリオを想定する場合は、より具体的な要因とその影響度を測ることができる。従って、そういった要因が生じる契機や背景等について、別途検討することもできる。より具体的な準備や対応を評価・検討するには、こちらの方が採用しやすいアプローチである。

　反対に、より好ましい対策を検討する際にも活用可能である。例えば、考えられる市場環境の変化に対して、どういった対策をとることでより好ましい収益構造の変化が期待できるか可視化することができる。その場合、損益金額に対するインパクトのみならず、損益関数の水準（収益の大きさを示す縦軸の高さ）や傾き（収益の潜在的な安定性）を確認することになる。また、こういった収益構造の変化と市場環境の変化によって、期待損益の水準や損益分布の幅を見ることになり、より好ましい対策を選択する際の判断材料となる。通常は、検討した対策の結果、期待損益の水準が高まり、損益分布の広がりが小さくなることがより好ましい選択となろう。

(イ) 新電力ビジネスモデルへの適用
　　（必要リスクキャピタルの算定）

①収益の安定性とリスク逓減の可能性

　もう一つ考えられるリスク管理モデルの応用例は、必要リスクキャピタルの算定になる。RAWによって計算されたVaR値を元に、一定の確率で発生すると思われる損失水準を想定することができる。今後の経営に対して必要と思われる収益的な安定性に照らし、この損失水準は受け入れられないと考えた場合には、事前にコントロールする必要が生まれる。電力における先物取引や先渡取引が発達していれば、そういった事前コントロ

ールも比較的容易である。しかしながら、今の日本の電力市場の状況を見る限り、事実上不可能である。そこで相対取引の可能性を探るわけだが、これも時間がかかる。そこで F-Power が採用した戦略は、Smirk and Prepare[98]である。すなわち、損失可能性のある規模を予想し、その損失を吸収できるだけのリスクキャピタルを用意しておくアプローチである。

②収益安定化に向けた実効規模の予測

F-Power において日常的な VaR 値の水準は、95% VaR を月次損益に対して用いている。これは、5%の確率で発生する損失状況を想定していることになるため、2年、つまり24カ月を対象にすると1.2カ月になる。つまり、2年に1回強発生する可能性があるような損失規模と想定した。これが、99% VaR ともなれば、100カ月、すなわち8年強に一回発生する損失のイメージであり、電力価格のボラティリティーを考えれば99.99% VaR でも不十分といった議論もある。資本規制としての運営であれば、そういった十分な資本の用意が必要であり、今後の電力ビジネスにおける、そういった規制の可能性や必要性を検討する場合にありえない話ではないかもしれない。しかしながら、数十年、数百年に1回の可能性のためにキャピタルを用意するのは、いかにも非効率である。現実的に運営する、すなわち日常的に VaR を測り、リスク管理を進めながらキャピタル水準を見直す運営においては、95% VaR が最も肌感覚に合う水準といえた。

こうして、折に触れてキャピタル水準を見直すことになった。将来の事業規模やその際に想定される市場調達規模、それによって生じると考えられる 95% VaR 水準を目途に、実効ある必要キャピタル規模を検討し、投資家説明に用いた。ある意味で、日本の電力ビジネスの現状と市場規模や流動性が薄い JEPX のありようを現実として受け入れ、それに応じた市場価格の変動具合が存在するならば、当然にしてある程度覚悟しなければならないリスクの規模がある。金融市場に比べて小さいといったことはないかもしれないが、かといって無限大に大きいということもない。つま

り、日本の電力ビジネスの現状を肯定した上で、市場にさらされる際のリスクの規模を推計し、それに合わせた準備、つまり Prepare を意識して運営する考え方である。これが、『収益構造見える化』議論で理想とした Smirk to Smile に代わる Smirk and Prepare のアプローチである。

(ウ) リスクリターン分析を用いた経営分析・戦略評価

①期待損益とリスク値による現状分析

　ポートフォリオの課題とそれに対応する手段を考える際に、『収益構造見える化』や VaR を活用するアプローチを紹介した。最後に、リスクリターン指標を用いて各種対策を選択したり、経営判断へ応用したりするアプローチを考える。先のシナリオ分析の際に、『通常は、検討した対策の結果、期待損益の水準が高まり、損益分布の広がりが小さくなることがより好ましい選択』と書いた。それでは、期待損益の水準が高まったものの、損益分布がより広がる場合はどのように評価したらいいであろうか。損益分布の広がりは、VaR 値で表現することができる。この VaR 値を分母にし、VaR を計測する際に求めた期待損益を分子にしてリスクリターン指標を作成する。これにより、現状のポートフォリオが抱える潜在的な期待損益とリスクの大きさの比を認識することが可能となる。この指標の変化の仕方を確認して、対策の良否を判断することができるようになる。

②市場の変化と収益構造の変化

　このリスクリターン指標は、市場の変化と収益構造の変化によって大きさが変わる。例えば、ポートフォリオの内容がほとんど変わらなくても、市場価格の水準や価格変動の振れ幅の大きさや振れの頻度（いわゆるボラティリティー）が変わると、リスクリターン指標が変化する。一方で、市場の変化具合に変わりがなくても、需要量変動によって市場価格にさらされるポートフォリオの大きさが変化したり、保有している契約の料金水準

が値上げや値下げで変更し始めたりすると、リスクリターン指標も変化する。ある意味で、ポートフォリオの健康状態を測る体温測定のような指標になる。

③戦略・施策の評価への応用

従って、このリスクリターン指標の変化を追うことで、様々な対策、強いては採用しようとする戦略や施策の事前・事後評価に活用することができる。具体的には、リスクリターン指標が大きくなる、すなわち向上する方がより好ましい対策と評価することになる。リスクリターン指標が大きくなるためには、分母にあたるリスクが小さくなるか、分子にあたるリターンが大きくなる必要がある。従って、こういった変化をもたらす戦略や施策が好ましい対策となる。

リスクを横軸に、リターンを縦軸とするグラフを考えると、対策を講じる前のリスクリターンの位置を座標として表すことができる。その上で、特定の対策を講じることにより、グラフ上の当初の点が左上に向かって移動するとなれば、その選択がより好ましいアプローチになると判断することができる。

図24　リスクリターンの考え方

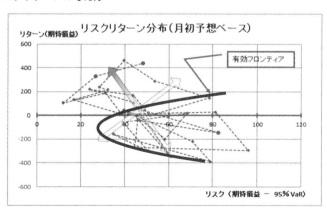

図24の例でいえば、△印で示されるリスクリターンの初期値が上下左右に移動しつつ、少しずつでも北西方向の座標に移動していくことで、リスクリターンの体質が向上していることがわかる。また、北東方向や南西方向の移動は、リスクが増えてもリターンも相応に増える、ないしはリスクが減少してもリターンも相応に減少するケースを示しており、当事者の考え方次第では十分に評価・採用可能な戦略や施策と考えられる。一方で、南東方向の展開は、リスクが増大する上にリターンも減少する戦略や施策になるため、不採用となる可能性が大きい。

　実際のところ、リスクリターンが示す点の移動がこういった変化の中間にあることも多々あるであろう。その際には、移動による相対的な変化具合をみて対策の優劣を判断することになる。その他、対策をとる前や後にこういった分析を行うことで、事前・事後の評価・分析に用いることが可能になる。さらに、戦略や施策におけるリターンの大きさとリスクの大きさのバランスが容易に判断できなかったり、それらの効果に関する違いの判定が難しかったりすることが考えられる。この際にも、リスクリターン指標を用いた比較検討がひとつの有効な手段になると考えられる。

④戦略的プライシングへの活用

　その他、リスクリターン指標を活用する手法の中にプライシングへの適用がある。プライシング手法そのものは本書の対象外としているが、リスクリターンの観点を織り込んだプライシングも応用例の一つである。すなわち、保有するポートフォリオのリスクリターンの座標点を少しでも左上方向へ移動させる需要家との契約は、リスクリターンの観点では好ましい契約となる。つまり、個別の需要家契約の収益性が悪くても、保有ポートフォリオのリスクを削減し、全体としてのリスクリターン指標の向上に資する需要家契約であれば、積極的に契約を締結する根拠となる。

　この観点での契約締結は、電力会社間で通常に行う価格提示の考え方と異なる観点で約定することになる。従って、リスクリターンベースの価格

を提示する電力会社と需要家との間における、ある意味での相性によるプライシングとなる。つまり、相互に Win ／ Win となる可能性があるプライシング手法になる。ただし、プライシングを行った時点の市場環境や電力会社の収益構造が変化した場合には、相互に Win ／ Win となる可能性があった関係にも突然変化が生じることがある。ある意味で、出会い次第のプライシング手法とも言える。

5 今後の電力市場活性化に向けて

(ア) 電力ビジネスにおける市場活性化の意義

①市場活性化に向けた関係者の取り組み

　本書では、F-Powerにおける取り組みを題材に、金融におけるリスク管理手法がどのように電力ビジネスにおいて市場を活用可能であるかを示してきた。電力市場の流動性に関していえば、まだまだあるべき姿には程遠いといえる。しかしながら、それでも金融的手法を取り込むメリットがあるという実例を示すのが本書のテーマのひとつであった。その上で、金融の世界の手法や発想と、電力の世界の制度的、技術的課題の融合を読者に考えて頂くこともう一つのテーマであった。その際には、システムに倒すというITとの融合も現実的には避けて通れないテーマである。金融に比べても大量のデータと多数の計算ステップを済々と処理する必要がある。電力市場を相手に今後電力ビジネスに取り組む参加者は、真摯にこれにチャレンジしなければならない。さもなければ、市場の本当の脅威に耐えられない。なぜならば、市場に参加することはビジネスの継続や成長を確約するものではなく、むしろ努力を怠れば、必ず振り落とされる暴れ馬に乗るようなものだからである。

②新規小売電気事業者の現状と課題

　日本の電力自由化は小売全面自由化が先行した。その過程で、FIT制度

や常時バックアップ制度[99]等に支えられ、小規模の新電力が容易に参入できた面がある。その際に、供給力不足を解消すべく市場に頼る傾向が顕著に存在した。また、新たな電力ビジネスに対する期待やそれに応えようとする新鮮な取り組みが次々に現れた。これは、総括原価方式の下に旧一般電気事業者が供給者として電力ビジネスのあり方を決めていた時代から、需要家が電気の使い方を選択できる時代の幕開けでもある。しかしながら、新規参入者の多くが、市場の脅威に関しては無防備なまま市場の活性化にさらされる可能性が高い。今のままではそれに耐えられなくなる多くの事態が現実化する。これからは、市場リスクにさらされる中で、生き残りを賭けた新サービスの開発や提供競争になる。電力ビジネスに関する適正価格をもって需要家ニーズに応えられる新規参入者が厳しく選定されることになろう。

③新規発電事業者の現状と課題

　新規発電事業者は、F-Power の事業形態に関してポジション的には真逆である。すなわち、発電事業の立ち上げや運営が先行し、それに合わせて卸売りや小売りの取引を順次用意する段取りを踏むことが通常と思われる。その場合、発電事業者の損益関数は、傾きがプラスの右上がりの直線、ないしは固定費相当分を下方シフトしたロングコールの形状を示すことになる。多くの発電事業者は、電気を販売する際には発電による電力供給量が販売した需要量を上回る必要があると考える。しかしながら、市場取引が活発化して流動性が出てきた際には、そういったオペレーションを継続することができるであろうか。電力市場の価格が保有する電源の限界コストより高い場合は、手持ちの電源の運転を開始し、継続する合理性がある。しかしながら、保有する電源の限界コストより電力市場の価格が低い場合は、電源を止めて市場からの調達に切り替えた方が合理性ある行為となる。市場価格の低下が一時的なら、そういった行為の影響も軽微かもしれないが、恒常的に市場価格の方が安い場合には、保有する電源が一向に運転で

きない事態となる。

この場合、せっかく保有している電源が運転されないことから、「発電事業者」としての事業形態からすると自己矛盾するビジネスを行っているように見えるかもしれない。それでもトータルな経済合理性は維持される、ないしは安い市場調達を多用することでかえって経済性は向上することになる。本書で紹介した『収益構造見える化』の枠組みを用いれば、このような運転パターンの要不要に関して、これを判断材料にすることができる。その際に、果たして経済合理性を追求することを良しとするか、「発電事業者」としての本分にこだわる事業主としてありたいかは、個社の判断による。しかしながら、市場の競争により巻き込まれると、そもそも保有する発電設備の限界コストが低い電源であること、市場価格の変動に対してより柔軟にオペレーションのオン・オフができる電源であることが競争力の源泉になる。また、より柔軟なオペレーションができることで、規模の効率性よりも小回りが利く電源の方を求めた方が有利な局面が訪れることになる。こういった基準に照らし合わせてみると、新規発電事業者にとっても、市場に向き合う際の新たな課題が既に生じていることに気付くはずである。

旧一般電気事業者の現状と課題

一方で、旧一般電気事業者の方はいかがか。戦後の高度経済成長を支えた9電力体制とその仕組みとしての総括原価や、精神的支柱としての安定供給といった経営スタイルを脱し切れていない。企業文化に根付いたこのような経営スタイルは、半世紀以上続き、業界の隅々まで浸透している。従って、市場を介した電力自由化とはいえ一朝一夕にはいかない点も理解できる。しかしながら、この経営スタイルを自らの存在意義に求める経営スタイルは命取りになりかねない。経済が成長することを前提にした将来像は、早々に崩壊している。国内電力需要は伸びていない。人口が減り、重厚長大の産業構造からサービス産業化が進み、ビジネス全般から家庭に

至るまでの省エネ化が浸透し、エネルギーに関するあらゆる技術革新が電力需要の拡大に歯止めをかける展開である。これらは、21世紀になって始まった動きではないものの、日本の電力業界が正対すべきものとしては避けてきた課題ではなかったかと考えている。それは、安定供給のもとに作り上げてきた供給力確保体制、強いては将来必要になるだろう供給力をスクラップ・アンド・ビルドする業界構造を揺るがす話になるからである。電力業界を取り巻く金融機関や重電メーカーも同じ舟に乗っているだけに、舵を切ることができずに今に至っている。しかしながら、いったん市場化が進むと、これらの矛盾が想定以上のスピードで顕現化する可能性が高い。市場機能が働き始めると、あらゆる点で歪みの是正が始まるとみてよい。従来、確立していた電力供給側の論理や運営体制が、需要家側の支持やニーズを捕捉したサービス提供でなければ成り立たなくなる。旧一般電気事業者としては、180度の発想の転換が求められる事態である。

　例えば、自エリアで確立していた安定供給や総括原価の運営体制も、一歩エリア外に進出すれば一新電力としての運営体制に切り替える必要がある。安定供給は難しくなり、需要家獲得においては市場原理にさらされる。市場調達を利用すれば、市場価格と流動性のリスクを管理する必要性が出てくる。また、電源を用意してからと思えば、時間と費用ばかりが先行する。これらを実現してから展開しようとすれば、スピード感のあるビジネス拡大はできない。それ以外に、例えば社内取引レートの運営問題がある。自エリアであってもいったん、発販分離を行えば、社内取引レートを決める行為が市場価格の水準にさらされる。発電部門と販売部門のどちらかに有利な仕切りレートを長く続けることは難しくなるからである。両部門が自由競争にさらされる環境では、一方的に有利・不利な値決めが行われた場合には、徐々にでも修正されていくものと考えられる。また、総括原価制度が発電部門に残る間は、販売部門の自由競争で割り引きにより発生したコストを発電部門に付け替える行為は避けなければならない。従って、販売部門の自由競争が市場価格水準で行われてくると、社内取引の仕切りレ

ートも次第に市場価格に連動する運営に収束するものと思われる。仮に、そういった事態が進まないとなれば、市場の活性化が浸透していない状況とも考えられ、規制当局が監視すべき対象となろう。

金融関係者に期待される役割

さて、電力市場の活性化を考える際に重要な役割を果たす関係者の一つに、金融関係者がある。金融関係者が電力ビジネスの自由化にかかわる際に期待される役割について、人材面、資金面、運営面から整理することができる。

人材の供出・育成

まず、人材面である。本書を通じて一貫したメッセージとして、金融において開発・整備されたリスク管理やトレーディングの仕組みが、そのまま電力ビジネスや電力市場取引の管理手法として採用できるということである。従って、金融市場の経験を持つ人材が積極的に電力ビジネスのテーマを学び、金融との融合を図る必要がある。仮に金融におけるリスク管理やトレーディングの課題に精通していたとしても、それをどのように電力ビジネスに適用するかといったアイデアを得るのが大切である。そのためには、電力ビジネスにおける諸課題を真摯に見つめ直し、吸収する必要がある。

手始めは、戦前・戦後からの電力業界の歴史がある。電力は、何といっても物理的な連系線や送配電網に乗って利用される。また、何らかの発電設備を経て供給される。従って、これらの発電・送配電設備がどのような歴史的経緯で作られてきたかを理解する必要がある。加えて、それらの設備を運営するルールや諸制度を理解しなければならない。これは、多分に歴史を学ぶことと共通のテーマになるが、電力自由化の流れの中で最新の課題も含めて、どういった展開で今に至ったか知る必要がある。

その上で、市場取引の原資産となる電力そのものの特性を学ぶ必要があ

る。その場合、電力ビジネスは産業や生活を支えるエネルギーを供給するサービスとして捉えた際に、どういった条件や環境が守られなければ電力サービスの提供が滞るかという点を理解することになる。需要家サイドで電気がサービスとして利用されるためには、電気を使用する機械や器具に適した電圧や周波数が、常に一定の範囲で維持される必要がある。それら[101]が崩れると停電が引き起こされる。そのため、停電が特定のエリアを越えて広がらないような遮断機のシステムや予備線の引き込み等、様々な電力供給を安定化させる仕組みも整備されている。こういった市場取引における原資産の特徴を認識してトレーディングするアプローチは、コモディティ取引に馴染む手法である。従って、日本の電力は日本の電力としての特性を理解しないと、市場取引や価格の振る舞いを理解できないことになる。金融の世界でも、為替や金利、株式に親しんだ関係者は、一段と特有な日本の電力に関する特性に興味をもって接し、日本の電力ビジネスの世界にトライして頂きたい。

　この人材の育成問題は、旧一般電気事業者にとっても、共通の課題である。旧一般電気事業者の中には、日本の電力の特性をよく理解した人材が豊富であることは間違いない。そこで、金融関係者に求められる課題とその取り組み方針が真逆になる。つまり、旧一般電気事業者の技術者は、金融で培われたリスク管理やトレーディングの技術を真摯に学び、取り入れて頂きたい。金融関係者の努力と旧一般電気事業者の挑戦は、市場の活性化を推進する両輪であると筆者は考えている。これら努力なしには、つまり人材が不足すればいくら制度やルールを整備しても市場は活性化しない。一方で、需要家としての企業サイドでも、こういった電力の特性を学んだ人材が浸透すれば、より効果的な市場価格形成が進み、新たなニーズやビジネス開拓が進むものと思われる。

資金面の課題

　もう一つの金融機関の役割は、資金提供者としての側面である。それも

5　今後の電力市場活性化に向けて

大きく分けて、旧電力運営体制から継承する課題と新電力ビジネスに対するリスクマネーの提供機能に分けることができる。

(i) 旧電力運営体制から継承する課題

まず、旧電力運営体制とのしがらみ問題である。エリアの一般電気事業者として発電から小売りまでの垂直一貫体制期に提供した資金残高の問題がある。電力自由化が進展すると、何ら手立てを打たなければ今までのビジネスモデルの収益性が損なわれる方向に展開することになるため、金融機関が貸し出した資金の収益性や安定性が棄損するリスクにさらされることになる。金融機関としては由々しき問題であることに間違いない。従って、自由化の進行には敏感になって当然である。だからといって、自由化の進展に対して安易にブレーキをかけていると言っているわけではない。震災後の電力システム改革においては、一定の距離を尊重しながら、国民が支持する政策に沿った運営を行っているようにも見える。

ただその中でも、一般担保付社債の新発債発行、ないし同社債の既発債に関する取り扱いについては、より感度が高くなっていた。一般担保付社債とは、設立に関する特別法を有する発行体が発行する社債のことで、電力事業者が発行する際には電力債と呼ばれている。この電力債は、発行体の総財産の上に一般の債権者に対して優先する債権を認める制度であり、その制度の下で発行される債券である。旧一般電気事業者は、電気事業法を設立に関する特別法としての性格を持ち、大規模な設備を維持・管理する旧一般電力会社の長期資金調達を円滑に運営するため、当該債券の発行を認められてきたものである。従って、電力会社が保有する特定の財産を担保に発行されたものではないことから、2020年を目指した旧一般電気事業者の法的分離[103]を通じて、一般担保社債の裏付けが揺らいでいる。発送電分離が進む中では、収益性が問われかねない発電部門と、総括原価の下で収益性が担保されると考えられる送配電部門が分かれるとなると、これまでの一般担保付社債では、どちらの財産を対象に発行された債券なのか

不分明になるからである。当然、同債券価格に影響が出ることが予想され、資金調達に影響が出る。この電力債に関しては、制度設計ワーキング[104]において「一般担保規定の取り扱いについて」として一定の方向性が示された。その中で、新発債の取り扱いに関しては、以下のような方向で取りまとめられた。

(1) 電気の安定供給に必要となる資金調達に支障を来さないと考えられるまでの間、すなわち、法的分離を規定する第3弾改正法の施行（2018～2020年（平成30～32年）目途）から5年間は、一般担保付社債を発行できることとする
(2) 自由化に伴う資金調達環境変化や長期資金需要に鑑み、大規模設備を要しない小売事業を除き、上記経過措置期間に限り、激変緩和措置として、
①発電事業を主として営む会社
②送配電事業を主として営む会社
③主として発電や送配電のために資金調達を行う会社（持ち株会社等）
が、一般電気事業者であったかどうかに関わらず、一般担保付社債の発行を選択できること

としている。ある意味では、この枠組みの中で時間的猶予が与えられたと考えた方がよい。旧一般電気事業者は、その間に資金調達の手段を整えておく必要がある。一部の旧一般電気事業者にとっては、東日本震災後にようやく再開した電力債であることから、一般担保付社債における新規債の発行期限を最大限活かした発行を企図するのも一つである。なかなか発行に至らない旧一般電気事業者も、まずは電力債からというアプローチも理解できる。しかしながら、一般担保付社債の特別なアレンジに頼らない安定的な資金調達方法も確立しておく必要がある。その一方で、これまで電力債を引き受けていた金融機関も既発債並びに新発債に対するスタンスを定めざるを得ない。

これらの制度的枠組みの変更が、金融機関における電力事業に関する債権内容を変質させる。そのため、金融機関の目線からすれば債権の保全や劣化を防ぐ手当てを講じるステージが近づく可能性がある。具体的には、旧一般電気事業者の機能ごとや部門ごとに、ビジネスの健全性に対する評価を強化することになり、一方で、旧一般電気事業者も自主的に燃料や設備部品の共同調達、相互の事業協力やオペレーションの共有化が始まることになる。そういう意味では、金融機関が電力ビジネスの変革を後押しし、新しいビジネスモデルに向けたサポートを行うことが、翻って金融機関自らの債権を守ることにつながることになる。そこで、資金的なバックアップもさることながら、金融機関における市場ビジネスに対する取り組み方や今までの経験、先に課題とした人材の供給等の手段を用いて、旧一般電力事業者の電力自由化対応を根気よく支えることができるのではないだろうか[105]。

(ii) 新電力に対するリスクマネー提供機能

　二つ目の金融機関における役割は、新電力ビジネスに対するリスクマネーの提供機能である。電力自由化や市場の活性化を通じて、様々な需要家の取り組みやそれに照準を合わせた新規ビジネスが生まれている。その多くが、FIT制度やネガワット取引に係る補助金制度に今のところ依存している。また、地産地消や生活協同組合等、何らかの絆や価値観でくくられる共同体を通じて、需要家自らが納得のいく電力の使い方や創られ方を選択可能とする新電力もある。これらの新しい取り組みの周辺には、自然エネルギーでより安価に電気を発生させる技術やビジネスが育っている。電力の需給調整を需要家側で推進するための技術、例えば太陽光パネルからの発電予測や蓄電池の容量拡大／充放電技術、生産ライン・家電製品に対する遠隔操作や監視技術等、次世代で求められる数々の挑戦が試みられている。その中で、電気の需給に関する最終尻を調整する場としての市場機能が潤滑に、しかも途絶えることなく機能している必要がある。

こういった次世代の電力ビジネスのあり方について、金融機関は明確な絵を描き、それに沿った資金支援をしていくことは、電力自由化を実質的に実のある姿に持っていくために必要不可欠な役割と考えている。その際に、各新規事業者に必要とされる設備資金もさることながら、彼らが市場調達を行う際に必要となる運転資金についても、そのニーズとリスクの性質を理解して金融機関が資金提供を前向きに検討することを期待したい。新電力が市場取引を行う際には、電力調達から入ることが多い。太陽光等による電力調達が行われても、需要家が夜間電力も必要としている限り、夜間の電力をどこからか調達する必要がある。例えば、前日スポット市場から電気を調達すると、入札した2営業日後には資金決済が求められる。調達した電気を需要家に届けるにあたっては、電気は当日に使用されるものの、その代金が回収されるためには請求事務を通じてとなる。通常の請求業務では、翌月になって請求書が送られ、それから20日後あたりで支払期日が設定される。従って、取引所に買入代金を支払ってから1カ月半～2カ月後の入金となる。つまり、市場調達を利用すれば必ず資金負担が発生することになる。すなわち、電力需給に係る最終尻を市場調達で埋めようとすれば、卸取引所に対する証拠金以外に買入代金の支払いに伴う資金不足が恒常的に発生する。金融機関が新電力を支えるからには、市場調達を行う際にこのような資金負担が日常オペレーションの中で発生する特性が存在することをよく理解して支援することが必要となる。

　貸し出しによる間接金融を旨とする銀行等は、こういった運転資金を提供する行為は、必ずしも好ましくないと見ることが多い。しかしながら、市場取引を利用する新電力ビジネスを支えるということは、そういった運転資金を提供することであり、それが不安であるなら市場取引を推進する管理体制に目配りすることでリスクを軽減することが考えられる。また、直接金融をアレンジする証券会社は、そういったビジネスモデルのリスクや将来性を正しく投資家に説明する必要がある。日本の証券会社の中には、旧一般電気事業者のような総括原価で支えられた電力事業か、FIT制度の

5 今後の電力市場活性化に向けて

ような制度運営で守られている新電力ビジネスしか視野に置いていない先が多い。しかしながら、制度に守られない、真の電力ビジネスが育たなければ、電力自由化に応える新電力ビジネスが生まれたとは言えない。市場取引を適切に管理しようとする新電力の企業価値と、その新電力が目指すミッションに共感できるなら、こういった新電力に対するバックアップを金融機関が提供することで、日本における将来の国民生活や産業構造を支える金融機関として、新たな機能や役割が期待されることになるのではないだろうか。また、リスクはあるかもしれないが、新たなビジネスが生まれる際のリスクとそれに応じたリターンを得て初めて、金融機関の機能を果たすことになるのではないか。

運用面のノウハウ・経験値の提供

金融の世界では、度重なる金融システムのトラブルを経て、グローバルなリスク管理の概念や体制が構築されてきた。その中で培われた管理手法や経験は、電力におけるリスク管理を推進する上でも共通のノウハウである。そのことは、本書の一貫したメッセージである。既に金融の世界で先行して課題となったテーマやそれを乗り越えた経験は、電力ビジネスを推進する上で事前に準備や対応を図ることに活用できると思われる。この点は、資金面における金融機関の債権保全、債権内容の改善策の中でも触れた。しかしながら、より積極的にこういったノウハウや経験値を提供する役割も考えられる。

一例として、東京外国為替市場委員会の取り組みを見てみたい。同委員会につながる活動は、1953年まで遡ることができる[106]。しかしながら、現在でも変わらぬ活動を継続している[107]。同委員会の活動に関して、2004年に日本銀行が発表しているマーケット・レビュー[108]の中で、以下のように掲載されている。

「外国為替市場は、多くの国において規制が少なく、きわめて自由度の高い市場である。こうした市場における取引を円滑、効率的かつ安定的に行

うため、主要国では、市場参加者が取引にかかる取極や行動規範を自主的に策定し、これを遵守する慣行となっている。各国の外国為替市場では、こうした取極や行動規範について関係者が議論するための委員会が組織されており、東京でも東京外国為替市場委員会が活動している。同委員会は、市場参加者の行動規範である「Code of Conduct」（通称＝オレンジブック）の作成・改訂のほか、CLS[109]開業に伴う対応、NDF取引[110]の環境整備といった面において成果を挙げてきている。東京における外国為替取引が一段と活発化するため、同委員会の活動が一層充実し、関係者がその成果を十分に活用していくことが期待されている。」

　同委員会の目的は、外国為替市場の進展に伴う「技術的な諸問題について討議および意見交換を行う場の提供」、「取引慣行および理論に対する委員の理解と知識の深化」、「行動規範等についての勧告書・意見書およびモデル契約書等の作成・公表」などであるとしている。そして、委員会のメンバーは、日本における主要銀行や証券会社のほか外銀、外国証券、ブローカー、情報ベンダー等で構成されている[111]。その中で、日本銀行や財務省もメンバーとして参加している。また、特筆すべきは、市場参加者の行動規範は、外国為替市場が円滑に機能するための重要なインフラの１つであると位置づけていることである。市場参加者は日常の取引においてとるべき行動を十分に認識し、その実現に向けての努力を怠ってはならないとしている。さらに、中央銀行も交えた上で、同様な委員会を設置する取り組みや運営の考え方は、他国の外国為替市場でも同様である。

　外国為替市場ほど、グローバルに自由競争にさらされている市場はない。しかしながら、あるいは、だからこそ、市場慣行の整理とそれを踏まえた行動規範の策定は、各国の市場委員会等の主要な課題の１つとなる。日本において電力市場を立ち上げて整備するにあたっては、多くの関係者がこういった市場整備に向けた取り組みの重要性を認識していない。あるいは、無法ともいえる自由が許される競争、だからこそ危険といった思考が、旧一般電気事業者の関係者中心に刷り込まれてはいないか。市場参加者は、

5　今後の電力市場活性化に向けて

自らに対する行動規範や市場の規律に関する理解を深める必要があり、その一定のルールやコンセンサスの上に健全な市場機能の成立を求めていく努力を必要とする。また、市場を監視する当局も、そういった整備に注力し、そこで成立した行動規範や市場の規律を参加者に求め、監視する姿勢が問われるのである。このような仕組みは、制度設計を議論するようなワーキングや専門会合の建て付けとは異なる。あくまで市場に直接参加している参加者が運営する委員会である。こういった仕組みの導入は、まだまだ黎明期にある日本の電力市場において十分参考になる取り組みではないだろうか。金融機関の方々からは、真の市場としてのあるべき運営方法や監視・監督手法等、教示して頂くことが多々あると考えている。

システム業界の現状と課題

次に、日本の電力市場を活性化するために必要なシステム業界の役割を考えてみたい。本書で見てきた通り、電力におけるリスク管理やトレーディングを支えるためには、金融にもまして一段のシステム対応が必要となる。取り扱うデータの数があっという間に膨大になり、計算負荷も多大となる。本書では、電力と金融の融合が主なテーマであるが、IT技術の支え、あるいは融合がなければ実現不可能である。従って、新電力がシステム会社の出自でない限り、システム環境を設営するためのリソースを外部に求めなければならない。一般電気事業者においても、多くの場合外部ベンダーに対して、システム設計から開発、プロジェクト運営を委ねなければならない実情にあると考えられる。

問題は、日本においては電力市場運営のノウハウは確立していない、というかほとんど欠如しているという実態である。システムベンダーは、電気事業者から開発要件や仕様出しを期待しても、市場ビジネス対応との視点ではほとんど期待できないのである。従って、電力市場ビジネスを支えるシステムを用意するにあたって、海外ベンダーのシステムを持ち込むか、金融における開発経験を応用するかといった難しさに直面する。

海外で実績のあるシステムを導入するにあたっては、日本語仕様にするニーズはユーザー次第の面もあろう。使用するシステムの画面構成が英字であることを仮によしとしても、気を付けなければ、データベースに需要家名を漢字で保存できないこともありうる。データベースに対するローマ字表記入力を譲って受け入れたとしても、日本の電力市場で採用されている諸制度がシステムの中でどのように実現可能かが最大の問題となる。現行の電気料金体系は多様な割引制度や付帯サービスを備えており、全国10エリア別にも燃料調整費、託送料金が存在する。このようなエリア別の現行制度やエリア間の価格分断の適切な反映、その他特例措置が用意されているFIT制度、代表契約者ごとに運営実態が異なると思われるバランシンググループ、需要・発電側それぞれに応じた計画値同時同量の運営と当該計画値から外れた際のインバランスの清算、エリアごとに運営内容が異なる常時バックアップ、これら各制度に対して将来的に生じうる変更対応、こういった様々な特殊事情を勘案した収益管理やリスク管理等々、海外システムベンダーでは本当に対応可能かどうか難しいと思われる機能要件が多々ある。

　また、日本の卸電力市場が未だに前日スポット市場中心であり、先渡取引や先物取引はこれからである。従って、明示的なフォワードカーブが市場から導けない。そうなると、外部からのフォワードカーブ投入が前提となるシステムでは、対応ができない。そこで、フォワードカーブモデルを備えるところからシステムに求める必要が出てくる。フォワードカーブのモデルにおいても、モデル作成のために必要な情報開示が不十分であれば宝の持ち腐れになる。ファンダメンタルモデルの場合、30分単位で価格水準を求めようとすると必要なデータを揃えるのはかなりチャレンジングである。

　その他、新規ビジネスや新商品開発を行った際のシステム対応は、海外システムの場合、困難になるケースも想定される。先物取引やEPAD[112]であれば、標準化された商品仕様が考えられるため、海外システムの適用も

あり得るかもしれない。しかしながら、広域機関が検討のための議論を進めている金融的送電権や物理的送電権については、まだ商品性が定まっていない。対需要家向け商品に至っては、どういった組み合わせ商品が支持されるか、まだ見当がつかない。その他、その海外システムのベンダーが日本でどういったサポート体制やカスタマイズ対応を行うのか、行えるのか、といった点に関しても、事業者の将来的な競争力に対する制約になる可能性がある。

　これらの海外システム導入に対して、金融経験を出自とするシステム開発は、もう少し日本の実情を汲んだ開発やサポートを期待できるかもしれない。しかしながら、金融の経験はあっても、電力としての特性を理解していないことからくるミスコミュニケーションが頻発する可能性がある。加えて、電力ビジネスにおける時間的粒度についていけないベンダーがほとんどではないか。金融における1年間の取引は、多くて365日分の終値、ないしはほとんどが銀行営業日のみの250日分の終値を用いて取引評価対応をすれば済む。電力取引の場合、1年だけでも17,520個の終値を取り扱わねばならない。そのため、データベースの枠組みから変更が必要であり、金融で開発したシステムをそのまま転用するわけにもいかないことがほとんどであろう。その際には、金融で培った経験や知識、理解を駆使して、一からシステムを作るのに等しいかもしれない。日本の電力市場に対してシステム業界が果たせる役割は大きいはずである。しかしながら、確かな指針や機能仕様を呈示できるユーザーが少ない中では、なかなか活躍する場が提供されない。従って、金融経験者が電力市場取引やビジネスを学習する必要性があるのと同様に、日本のシステムベンダーも電力市場や電力取引に必要な機能の理解と日本特有の制度に求められる機能の把握を行う必要がある。

　一方で、こういった電力ビジネスの市場化対応を行うためのシステム要件について、海外ベンダーにしろ、国内ベンダーにしろ、仕様内容まで外注した際には、要件内容を管理する意識が重要になる。発注主として仕様

内容を理解・管理していれば問題ないが、外注先に頼り過ぎれば、要件変更時には一から外注先に委ねることになる。つまり、大事なコアコンピタンスの流出につながる。海外ベンダーの場合は、日本人の担当者が退職するリスクも大きい。その時には、突然ノウハウの断絶が起きる可能性もある。

　外部の開発ベンダーを利用する際には、以上のような課題を考慮の上、提供できるベストなIT技術を当該ベンダーに考案していただかなければならない。日本の電力ビジネスにおけるIT技術のかかわり方に関して、簡単な答えは正直言って筆者も見いだせていない。

電機メーカーの現状と課題
　電力ビジネスを考える上で、もう一つ重要なプレイヤーは重電メーカーと家電メーカーである。前者は、発送電ビジネスにおける重要な設備を長年提供してきた典型的な重厚長大産業である。各種火力や水力等の発電設備から始まり、エリア内外にまたがる送配電設備や遮断機等の各種制御設備、変電設備等々が新設・取替・修理・メンテナンスといった保守・運営に係るあらゆる面から、電力事業を支えてきた。こういった新設・保守・運営に係る費用は、総括原価方式の下で需要家が広く負担する構図の中で吸収されていった。今後の電力自由化プロセスにおいて市場の競争状況を確認しながら、発電事業も負担することも含めた総括原価の見直しが議論されていく。その中では、送配電業務のみが総括原価の対象として残る可能性が高い。従って、発電事業は、より厳しい経費節減や合理化の対象となることが考えられる。また、より安価な市場価格が出現すれば、それとの競争となる。変動の大きな市場価格に対して、いつでも安価な限界コストで運転できる電源は恵まれている。ただし、ある季節、ある時期、ある時間帯は、対市場価格比安価でもタイムリーに起動できない電源は運転するタイミングを失うことになる。同様に、対市場価格で高価になってしまった電源は、タイムリーに停止し、市場調達に振り替えられる必要がある。

5 今後の電力市場活性化に向けて

これらが思うようにできない電源ということになれば、重電メーカーは受注のチャンスを失うことになる。あるいは、そういった柔軟な運転ができるような電源への改良ビジネスの機会は増加するかもしれない。いずれにせよ、発電ビジネスに関しては、今までの重厚長大と、それを前提にした効率化の概念に基づいた発電ビジネスの発想から方向転換が必要となり、電力ビジネスの本質に関する変貌を感じ取る力がより問われるステージに来ている。電気を利用するにあたっての需要家サイドのニーズや利用方法に対して、供給サイドがいかに応えられるかが今後の方向性を決めることになる。

　一方の家電メーカーは、いかがであろうか。電力ビジネスのドライバーが供給サイドから需要サイドに移る中で、需要家ニーズに応える多彩な製品やサービス提供が考えられる。スマートメーターに始まり、家庭用蓄電池や太陽光も絡めたスマートグリッド運営や必要設備の提供、ネガワット取引やデマンドレスポンスを可能とする需要家設備や機器の制御に関する製品・サービス提供等、将来性のあるビジネスの種が見て取れる。問題は、市場機能を意識した製品やサービス開発である。日本の家電メーカーの対応を見ると、局所的な技術や製品・サービス提供が先行し、電力価格との対比を意識した製品・サービス提供となっていない。電力市場の発達が遅れている事情を考えれば致し方ないが、せっかくの技術も地に足がついていない点を真摯に認識しておく必要があるのではないか。電力市場が活性化すれば、電気には適正な価格があるということが、より多くの人の目に見えてくる。そうなると、適正価格に対してどのような電気の使い方、作り方が効率的なのかといった情報や判断材料を提供する製品やサービスがより競争力を増す。そういったビジネスチャンスがいつどのように生まれるかといった観点で、電力市場の活性化状況をモニタリングしておく必要があるのではと考えている。

政策当局

　最後に、電力市場に係る政策当局に関して触れざるを得ない。東日本大震災をまたいで 2015 年夏まで電力自由化を推進してきたのは、経済産業省資源エネルギー庁の電力・ガス改革推進室と同室を事務局に運営された電力システム改革小委員会、及び制度設計ワーキンググループである。2013 年春に描かれた電力自由化の工程表は、発送電分離、小売全面自由化、市場活性化の 3 本柱で構成されていた。発送電分離、及び小売全面自由化に関しては、細部では依然として諸課題を抱えつつも大きな工程は概ね達成しながら進展している。2015 年の秋からは電力取引監視等委員会が創設され、同委員会の下に設置された制度設計専門会合に電力自由化の推進機能が託された[113]。

　問題は、市場活性化の柱である。2016 年 4 月から 1 時間前市場は稼働を始めたものの、前日スポット市場頼みの卸電力市場となっている。前日スポット市場の約定量は、2013 年春から始まった旧一般電気事業者の自主的取り組み以来、確実に積み上がっている。また、8%を超す予備力[114]、ないし当該エリアの最大電源相当を超える予備力は 30 分ごとに評価した上で『原則全量投入』となっていたことから、売指値量も確実に増加した。また、2016 年 4 月の小売全面自由化を境に新規参入者の買い需要も一段と高まっている。しかしながら、売指値量は一段と減少した（図 26 参照）。

　この背景には、震災後の石油焚き電源まで投入した緊急時体制が終了して長期停止電源に分類する手続きが 2016 年度に改まる段階で進んだこと、またより経済性を重視した電源運転が志向されたものと思われる。一方で、一部エリアにおける小売電気事業者と送配電事業者がそれぞれの判断で予備力を確保したことが要因だと思われる問題点が制度設計専門会合の事務局から紹介された（巻末資料参照）[115]。前年度末に開催された制度設計専門会合における「卸電力市場活性化に係る事業者ヒアリング」では、旧一般電気事業者から自主的取り組みの継続を表明するものであったが、新年度になってその実質的な継続性は疑わしい運営となっている。その結果、市

場の流動性はかなり落ち込んでしまった。一方で、卸電力取引所の先渡取引は一向に約定量は増えていない。ほとんどまだ利用されていないに等しい。

　節目節目に制度設計専門会合事務局から卸電力市場の活動報告がなされているが、残念ながらまだ金融や株式市場における市場調査や市場分析レベルの報告といった印象である。つまり、監視当局のレポートの域になっていない。果たして、市場活性化に向けて進むべき方向性とそこへのステップが描けているのであろうか。仮にそういうものがあれば、それに照らして現段階における市場活用状況における問題点を指摘し、どのように指導・改善すべきか、ないしは、したかといった報告ができるはずである。ところが、監視活動の具体的な実績や事例を示すまでに至っていない。海外当局の監視活動や相場操縦等の事例紹介が同会合で実施される一方で、国内の対応はこれからである。

　市場の活性化を測るにあたって約定量の増加や売指値量の多寡を中心に語るのは、いささか偏り過ぎている。前日スポットから先の取引がどのようにどれだけ膨らんでいくか、取引参加者の増加や多様性、1件あたりの取引量、BID／Offer の価格差、先物・先渡取引において通常取引可能な最長期間、その際のボリューム等々、市場が発達していけば当然出現すべき姿やチェックポイントがそこにある。ところが、どの観点から見ても、まだまだ日本の卸電力取引は活性化した市場とは言えない。これに対して、周辺ビジネスとしての電力市場を利用するアイデアは目白押しである。FIT 電源買取制度における回避可能費用の市場連動化、長期ベース電源を利用した売指値投入、ネガワット市場の創設、容量市場の創設、先物取引市場の創設、金融的送配電権市場の検討等々、いずれもそれぞれのテーマにおける課題解決に向けたアイデアやニーズ、その正当性は理解できるものである。しかしながら、現物、かつポジワットとしての電力取引市場がしっかり育たないうちから無理難題を課しても、難しいものは難しいということになるのではないか。

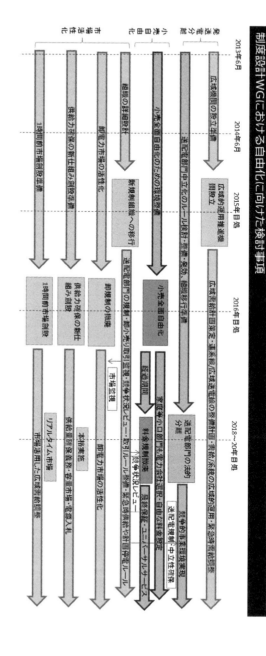

図25 制度設計ワーキンググループにおける自由化に向けた検討事項

5　今後の電力市場活性化に向けて

図26　売買指値量と電力/原油価格指標の推移

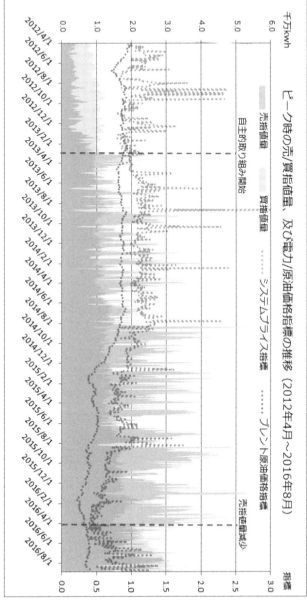

すなわち、卸電力取引は、周辺テーマを考える上でも、まず何にも増して優先的に育成、活性化する必要がある。その際に、電力・ガス取引監視等委員会等の政策当局が果たす役割は大きい。卸電力取引市場活性化に向けて進むべき方向性に関して、我々は本当に絵が描けているのか、またそこに向けたステップが描けているか、改めて問うてみたい。その上で、市場機能が果たす、ないしもたらす影響や対策についても描けているか、関係者の叡智を結集して進めていただきたい。その際には、単に市場の約定量や売指値量といった統計的な数値や現象の集計や調査に止まらず、本書でテーマとする市場参加者の準備状況、特に市場化対応状況、より具体的には人材や組織、システム対応等も目配りして評価していただきたいと願っている。これらは、来る電力ビジネスの円滑な運営、しいては需要家としての国民や産業における将来ニーズに対して、新たな電力事業の担い手が真摯に、かつ単に応えるためのものである。また、こういった観点も含めた総合的な取り組みが市場の活性化に結び付くと考えており、その取り組み状況を観て、市場活性化状況を評価する目線も忘れないでいただきたい。

市場活性化におけるリスク管理の役割

そこで、電力市場の活性化におけるリスク管理の役割を改めて考えてみたい。本書を通じて、市場価格を中心としたリスク管理の取り組み方や利用方法、利用した際の価値を読者は感じていただけたのではないか。電力価格は日本におけるあらゆる生活や産業活動に直結する財であり、サービスの値段である。つまり電気の値段は、日々の市場価格で決まっていくことになる。いったん、電力ビジネスに市場機能を適用し始めるとなれば、電気の値段や価値が変動するリスクを社会として吸収していかなければならない。

これだけ考えれば、なぜこのような面倒、ないしは厄介な事態をわざわざ招くのかといった疑問も湧いて当然である。しかしながら、日本の場合、

5　今後の電力市場活性化に向けて

経済が成長することを前提にした将来像は早々に崩壊している点は、既に述べた。成長しない社会の中で、より効率的で効果的な電力ビジネスのあり方を追求する仕組みとして市場機能を導入したのが、基本的な背景である。従って、制度による電力資源・サービス分配の仕組みから、市場価格のシグナル機能を利用して電力ビジネスのあり方を再構築することになる。簡単に時計の針を逆回しにできない流れや事情がそこにある。

また、このように生み落とされた日本の電力ビジネスにおける市場機能とその後の影響について、17世紀の英国思想家ホッブスの比喩を思い出す。絶対王政をリヴァイアサン（怪物）に例え、人間社会は自然な状態にあれば「万人の万人による闘争」が始まり、それが個々人の権利を王権に委ねることで社会秩序が生まれるという社会契約説を導く発想であった。王権は神から与えられると考えた王権神授説に対する思想であるが、ホッブスの考え方は個人と国家を対峙させるものであり、近代国家のあり方を問う革命思想に次第に結び付く。つまり、一度生み落とされたリヴァイアサンは、国家と個人のあり方を問う契機となり、決して息絶えることなく巨大化していったように思える。

ここからは筆者個人の感想であるが、市場機能についても同様な譬えが通じる気がしてならない。制度に依存した資源配分の仕組みを止めて市場を通じた資源配分の仕組みに移行・採用したからには、市場機能はリヴァイアサンのように息絶えることなく巨大化する可能性があると感じている。そこで、成長する、ないしは肥大化する可能性があるリヴァイアサンを手なずける術として、共存する市場関係者は、リスク管理の枠組みを採用し、それに磨きをかけておく必要があると考えている。それは、市場への参加者として単に身に付けるだけでなく、今後電力市場の価格変動がもたらす損失の規模や頻度等について社会の仕組みとして心構えることに等しい。電力ビジネスにおけるリスク管理の必要性や方向性を関係者が深く理解することで、市場活性化に向けた取り組みに関する方向性や足並みが揃うことになり、市場活性化が一段前進することになるのではないであろ

うか。

市場活性化におけるトレーディング手法の整備

　F-Power においては、市場がまだ整わないうちにリスク管理の整備から手をかけた。それは、市場という冷徹な世界に飛び込む前に、自分たちがどういったリスクを負い、それが耐えられるリスクかどうか考えながら進む道を選んできたということになる。市場の整備が進んでいない状況に現状も大きく変わりはないが、そうはいっても少しずつ変化の兆しはある。そこで、市場が未成熟な中でも次のステップに備えて整えるべきものはあると考えている。

　それは、トレーディング環境の整備に着手することである。日本における電力ビジネスや制度対応を考慮したトレーディングシステムや環境は、日本はこれからだと考えている。金融の経験を活用しながら、そういったシステムや環境をそろそろ準備しなければならない時期に近づいている。さもなければ、あのリヴァイアサンに捕って喰われる可能性がある。金融におけるリスク管理の整備は、バンキング業務やトレーディング業務といった市場機能を活用する現場が先行した。従って、特に日本における電力ビジネスの環境を整備する場合は、先行した金融業界の知見やシステム機能を参考に、出来上がりの姿を想定しながら環境整備や開発を進めることができる。F-Power における RAW の開発は、そういった発想から始まった。つまり、トレーディングができる市場が未整備のうちに、あるべき姿としての電力リスク管理の整備から入ったことになる。つまり、できあがった最新技術から導入できるメリットがあると考えている。

　トレーディングを始めるにあたっては、いくつかの基礎環境が必要である。まずは、特定の年限までを対象にしたポジション管理機能である。トレーディングの対象として採用した需給契約や発電施設、PPA 契約等に対して、電力の市場価格変動がもたらす影響を時間軸に沿ってトレーダーが理解できる情報が必要である。典型的な手法は、デルタマップと呼ばれ

る管理表になる。電力フォワードカーブが 1 円／kWh 変動した際に生じるポートフォリオ価値の変化を指定した期間単位で集計する表である。電力フォワードカーブが 1 円／kWh 変動の影響額は、デルタ値として表現される。デルタマップでは、手前の期日は週次であったり、月次であったり、その先になれば四半期ごとであったり、半年ごとであったりといった、一定の期間単位で、このデルタ値を集計することになる。これにより、先々のポートフォリオがどの程度の市場リスクにさらされているか（いわゆるエクスポージャー）を明示的に把握することができ、そのエクスポージャーを拡大したり抑制したりする対策を考えることができる。先渡取引や先物取引といった取引所取引の成立や発達に合わせて、こういった取引まで合わせた総合的な管理ができるようになる。また、そういった取引所取引が未成熟な場合でも、同様な効果を相対取引で成立させた際に、デルタマップを通じた総合的な管理が可能になる。

　このデルタマップが用意された際には、デルタマップで採用した期間単位に沿ったリスク枠の設定や当該枠の余枠・超過枠管理ができるシステムを手掛ける必要がある。トレーディングの活動は、一定のリスク管理枠の範囲でトレーダーに権限を委譲することになるため、こういった枠管理が必要不可欠になる。ただし、枠の設定が最終的に定まるまでには、組織の経験や同意が落ち着くまで時間がかかることが多い。従って、いきなりシステム構築に走ると、あとから揺り戻しや手直しが発生しやすい。このあたりも、金融における経験や知見が生きる点かもしれない。ただし、リスク管理枠の最終形は、VaR によるリスク量の設定であるため、先にリスク管理の環境を整備していれば、VaR を用いたリスク管理枠に対する環境設定に関しては先行して構築していることになろう。

図27 『電力取引とリスク管理』のメッセージ

> 電力トレーディングや電力ビジネスの運営には、
> ①金融的運営手法がそのまま適用できること
> ②市場の変化に応じた収益性について市場価格の関数として表現できること

(イ) 日本における共通インフラへの展開

①市場化を展望した際の必要な共通インフラの整備と効用

　本書のテーマは、筆者が2003年に訳書として出版した『電力取引とリスク管理』の実践編を日本の関係者にお届けすることであった。同書において示唆されていたメッセージは、つまるところ図27の2点であった。

　F-Powerにおいては、この2つのメッセージを実際の形にしていった。日本における電力ビジネスや電力市場に参加する関係者が、すべて同じ道をとる必要があるとか、とるべきだということを主張するつもりはない。ただし、同様な思いと努力で個々の参加者の環境整備が整わなければ、健全な電力市場やビジネスの成立はない点を真剣に考えていただくことを願っている。制度設計の議論には多くの方が長い時間をかけてきたものの、市場の活性化の道筋を議論する際に、こういった参加者の環境整備や技術力向上、人材育成や組織運営の必要性について正面の課題として捉えられたことがなかった。これらの整備が無ければ、絶対に市場化は進展しないと考えるのは、金融関係者の中では当たり前の肌感覚であろうと思う。そのために、こういった環境整備等が今後はどのようにしたら進展するか、といった観点でも電力ビジネスの関係者内で検討を進めていただきたいと考えている。そのためには、金融といわず、電力業界からも様々な知見を持ち寄り、RAWのようなリスク計測基盤やその発想を取り込んだツールが、市場参加者の各社ばかりでなく、電力を扱う全ての事業者、需要家、政策当局に浸透することが必要であると思える。Webやクラウドベース

5 今後の電力市場活性化に向けて

の『収益構造見える化』が通常の電力使用量の見える化に加えて提供され、電力市場価格の変動に対して需要家自ら契約している電気料金や、発電事業者が契約している PPA から得られる収入の価値が、どのように変化しているのか等の情報が提供されるとなると、自らのビジネスにもっと効果的、かつ効率的に電気を利用しようという動機が一般の事業者にも湧くのではないか。関連システムや周辺機器を開発するメーカーも、こういった情報の提供やその情報を活用した製品・サービス開発が可能になる。政策当局も、そういった枠組みで運営される社会システムであるからこそ、適切な設備形成や運営を期待する政策を考えることができるようになるのではないか。また、広域機関や取引所も、社会が求めるリスク管理やトレーディングに資するような設備運営やルール策定、市場設計やサービス提供が可能になる。こういった取り組みを通じて、社会全体でリヴァイアサンを手なずけることになり、調教が難しい怪物をなんとか檻に閉じ込めておくことができるようになるのではないか。

②電力リスク管理に必要な共通言語の準備

　もう一つ、本書を通じて関係者に対して、改めて注意を喚起したい点がある。それは、電力リスク管理やトレーディングに必要な概念や技術を関係者が身に付けることである。この点は、電力ビジネスにかかわる関係者の人材育成や教育の問題ともいえる。ただし、本書の中でも一貫してお伝えしている、電力関係者と金融関係者双方にお願いしたい点である。

　まず、電力関係者に対してである。金融におけるリスク管理の世界には、金融の世界で生まれ育ったリスク管理やトレーディングの概念がある。参加者や利用者によるそれ相応の工夫があってしかるべきであるものの、リスクを語る上ではグローバルに通じる共通言語としての概念や技術がある。言語に譬えると単語と文法となる。あらゆる言語において、そこで使われる単語には歴史や背景があり、単語が示す内容や範囲がある。また、それらを使うにあたっての約束ごとが文法になる。リスク管理にも、そう

いった単語や文法があり、それを使ってリスクを語るうちは、世界中の関係者とリスクの大きさや頻度、内容について意識を共有できることになっている。リスク管理は、自分たちが保有している、ないしは保有しようとしているリスクを自己分析するところから始まるが、もう一つの大事な役割は第三者に自らのリスク保有状況を伝え、あるいは他者のリスク保有状況を理解することができる点である。従って、言語がコミュニケーションのための手法であるとすると、リスクを語る際には、この共通言語を身に付けていただきたいのである。

　反対に、金融関係者にもお願いがある。市場取引だからといって安易に手が出せると思うのには気を付けた方がいいと助言しておきたい。まずは、市場の流動性がまだまだ小さい。現物資産の特性を理解してトレーディングするのはコモディティ取引では当たり前だが、同様なことが電力取引でもいえる。発電能力を持つことを前提にした現物決済の必要性が付いて回る。電気というサービスが成り立つための送配電・連系線運営のテーマ、電圧や周波数、潮流の管理、そのための運営技術、物理的なインフラ設備の能力等々が、電力という現物を扱う上での特性として理解されている必要がある。また、そういった発電や送配電、小売・卸売に関する各種制度ルールや技術的ルールも理解しておかなければならないし、社会的なインフラであることの責任や使命も理解する必要がある。株式市場や債券市場、為替市場、それらのデリバティブ市場において、市場取引やリスク管理経験があるからといって、不勉強のまま通じる世界ではない。また、本書のテーマでは取り上げることがなかったが、電気は天気との関連性がたいへん高いコモディティである。トレーディングが本格的に始まれば、天気の勉強も実際のところ不可欠である。金融関係者の方が電力ビジネス、特に電力市場取引にかかわる際には、これまでの経験や知見を保持しつつ、総じて謙虚に、かつ応用力をもって新しい知識や知見を身に付ける、すなわち電力ビジネスの単語と文法を修得しないとこの世界の魅力や不思議さを理解することができないであろう。

5　今後の電力市場活性化に向けて

③他電力事業者とのコラボレーション

　ここまでお付き合いいただいた読者にとって異論はないと考えているが、日本の電力ビジネスにおいてリスク管理やトレーディングといった技術を身に付けるにあたっては、電力事業者に新も旧もない。むしろ、電力ビジネスにおいて市場機能を活用するという課題の前では、金融関係者も含めて関係者は皆新人と考えた方が良い。本書の中でも「市場活性化に向けた関係者の取り組み」において、東京外国為替市場委員会の事例を取り上げた。東京外国為替市場発足時点から、市場関係者が共同して市場の成立に向けた取り組みを行っていた。市場育成のための行動規範を作成したり、日銀や財務省との連携も図られたりしている。

　日本の電力市場草創期にあっても、同様な仕組みが必要なのではないだろうか。電力・ガス取引監視等委員会の音頭の下、制度設計専門会合で制度的枠組みの話が進められている。同会合を中心に制度的ルール作りや市場化対応の検証、技術的課題を整理する下部組織運営等を継続していく必要があると考えているが、それ以外にも市場関係者が相互に協力して課題解決を検討する場があっていいのではないか。相互に競争関係にある関係者ではあるが、市場を整備し活性化する必要がある点では協力できるはずである。行動規範作りなどはその一例である。その他にも情報開示に関するデータ作成基準や発表内容の整備、情報配信の手法や形式、タイミング等々、広域機関や取引所との役割分担も検討が必要なテーマである。電力市場のあり方や関連情報が広く国民のためであるという観点から、関係者が協力して取り組むべきことは積極的に検討し、成果を挙げる場があっていいと考えている。

④市場を前提とした新たな電力ビジネスの安定化に向けて

　本書を終えるにあたって、現状の制度設計論議で欠けている点を最後に整理した。その中では、参加者の意識改革や人材育成や組織運営の変革、市場取引に関するシステム環境・インフラの整備、電力市場に関する制度

やルールの整備、関係者の努力や協力といった点を取り上げた。これらすべて、総括原価方式や燃料費調整費制度といった、戦後半世紀を支えた多くの電力業界の仕組みが改まる中で、関係者が乗り越えなければならないテーマであった。これらは、多くの関係者が少しずつ意識し始めている課題となってきたのではないかと考えている。しかしながら、改めてこういった課題を自覚してこれから取り組むのと、取り組まないのとでは、大きな違いが出てくるのではないかと思い、本書を書くこととした。F-Powerの関係者からすれば、この5年間の歩みを外部に伝えるにあたって、相応の抵抗感があるのは不思議な話ではない。しかしながら、これまでの電力業界のみならず、自分たちも含めた今後の電力ビジネスを考えた場合、身を削ってでも得るものがあるのなら、日本の社会を前に進めるべきであるとの気概が社内関係者にはある。それが電気の需要家や産業、国民のためになり、自分たちの活動やビジネスを支えてくれるものと信じているところがある。ひとえに社会があっての会社である。

　電力ビジネスに市場機能を導入することは、将来の日本におけるエネルギー社会の安定化に資するものである。しかしながら、しっかりした歩みや努力が無ければ、そういった結果が保障されるものではないことについて、本書を通じてお伝えした。市場を通じてより効率的な電力価格が発信され、それに基づいた新しい商品やサービスの開発が行われ、周辺ビジネスや産業の発達や活性化が図られることを確信し、それらの成果が多くの日本国民や産業に帰属することを切に願ってやまない。

あとがき

　本書は、2003年4月に出版した『電力取引とリスク管理』(エネルギーフォーラム刊) の実践版になります。『電力取引とリスク管理』は、原著である Managing Energy Risk : a nontechnical guide to markets and trading を翻訳したものです。同書は、米国の電気事業者が電力市場を利用するにあたって、どういった課題を抱え、それをどのような取り組み方法で克服してきたかを記述した書籍でした。当時、私は興銀第一フィナンシャルテクノロジー社 (現みずほ第一フィナンシャルテクノロジー社) に在籍し、電力業界や他のエネルギー業界の方々から電力市場やエネルギー自由化に関する様々なご相談を受け始めていました。そのプロセスで同書に出会うことができました。その際に、同書で取り扱うテーマは、日本の電力市場が進展する上で重要なメッセージを取り扱っていると直感しました。そこで著者と連絡を取り、書籍の中の記載内容に関して質問や確認を行っているうちに、同原著の翻訳を思い立ちました。その結果、2年後の2003年4月に発刊する運びとなりました。今思えば、そこから息の長い取り組みが始まりました。

　振り返って、2011年3月の東日本大震災を契機に、停滞していた電力の自由化は本格的な見直しが始まったと考えています。それまでの間、私自身、2004年夏に銀行を退職し、外資系システム部門に従事しておりました。その後、縁あって震災2カ月前の2011年1月にF-Powerに入社することになり、海外で見聞していた電力ビジネスモデルの発展形、いわゆる市場化対応を進めた日本型電力ビジネスの確立を目指して経営に参画することとなりました。2004年夏から2011年にF-Powerへ参画するまでは、まるで自分が電力市場と一緒に冬眠していたかのような、あるいはタイムスリップしたかのような既視感を抱く心地でした。
　この時点で驚いたことは、10年近くたっても日本の電力業界が抱える

市場化問題は、以前と同様な課題に直面していたことでした。JEPX は 2005 年にスタートしましたが、電力市場の利用度は依然として低く、前日スポット取引が漸く市場機能を発揮し始めている状態でした。そのため、F-Power において取り組むべきステップは、10 年前に海外を見聞して考えた内容、またその後に温めていたアイデアを思い起こし、そこから手掛けてみようと考えました。

　本書『実践　電力取引とリスク管理』は、『電力取引とリスク管理』のその後の姿を記録した実践本です。『電力取引とリスク管理』の中で示した世界を日本の現在の電力市場で実現するため、自ら辿った道筋を示す内容となりました。その際に、『電力取引とリスク管理』は、F-Power においてリスク管理業務を構築していく際の原点でした。同書籍とその翻訳を通じて見出した発想は、日本の制度設計の変遷に揉まれながらも、F-Power 社内のリスク管理体制づくりに反映していきました。その結果、『電力取引とリスク管理』が 10 年以上も昔の米国の事象を伝えるものであったのに対して、本書は実践版として日本の現状に合わせた実例の紹介になりました。本書をお読み頂いた方は、日本の電力市場における活性化の状況に照らして、実感の湧く課題認識であったり、実現性を伴った解決方法であったり、あるいは比較検討可能な取り組みであったりする点を見出すことができるのではないでしょうか。F-Power のような新電力に限らず、旧一般電気事業者や小売電気事業者、発電事業者、送配電事業者の方々も、市場機能が電力ビジネスに関わりを持ち始めた際に、どういったスタンスで電力市場に臨むべきかという観点に対して、一定の方向性をお示しすることが本書の趣旨になります。また、電力ビジネスに関わりがある、ないしは今後関わりが生まれると思われる関係者の方々にも、電力市場を取り扱う難しさやそれにチャレンジする楽しみを感じられる読み物になればと思いながら書き上げました。そういった意味で読者の方々のご期待に少しでも応えることができたのであれば、誠に幸甚です。

　最後に、本書を書くにあたって、F-Power の関係者には多大なるご理

解とサポートをお示し頂き、心から感謝しております。また、日本の電力ビジネスの更なる発展に向けて、社内外の関係者皆さまの尽力と志がいつの日か実を結びますことを静かに祈念しております。

鮫島隆太郎

2016 年 9 月

参考資料

東京外国為替市場委員会の構成メンバー(平成28年7月28日現在)

構成メンバー	役職
三菱東京UFJ銀行	議長
ドイツ証券	副議長
みずほ銀行	副議長
日本銀行	書記
野村證券	委員
香港上海銀行	委員
トムソン・ロイター・マーケッツ	委員
バークレイズ銀行	委員
三井住友信託銀行	委員
EBSディーリングリソーシスジャパン	委員
CLS	委員
三井住友銀行	委員
バンク・オブ・アメリカ・エヌ・エイ	委員
トウキョウフォレックス上田ハーロー	委員
JPモルガン・チェース銀行	委員
スタンダードチャータード銀行	委員
三菱UFJ信託銀行	委員
マネーブローカーズアソシエイション	準委員
日本銀行	準委員
みずほ銀行	準委員
三井住友銀行	準委員
ドイツ証券	準委員
三菱東京UFJ銀行	準委員
財務省	オブザーバー

同委員会HPより作成

付録

第9回電力システム改革専門委員会
平成24年11月7日付事務局提出資料（卸市場活性化）

自主的取組の概要（1）

○ 一般電気事業者から表明があった自主的取組をまとめると、以下の通り。（○は各社提出資料に記載されているもの。●は聞き取りの結果を含む）
○ 売り入札の数値目標を積み上げると、370億kWh以上の売り入札の目標。仮に365日、24時間平均的に市場投入されるとすれば、420万kWの供給力に相当。

	売買両建てでの取引（スポット）	限界費用ベースの取引（スポット）	先渡し市場の活用（短期相対融通の市場への移行）	数値目標	卸電気事業者（電発）電源の切り出し	電発との協議状況
北海道電力	○	○	●(注1)	20億kWh以上の売り入札	（電発からの受電は水力発電のみ）	―
東北電力	○	○	●(注1)	30億kWh以上の売り入札	5-10万kWhの切り出し（磯子）	年内目途協議開始予定
東京電力	○	○	●(注1)	100億kWh以上の売り入札（常時バックアップ、部分供給含む）	―	―
中部電力	○	○	○	余力の市場投入	需給運用に支障を来さない範囲での供出	8月31日協議開始
北陸電力	○	○	●	20億kWh以上の売り入札	火力電源供出を検討	需給状況改善を踏まえ協議開始予定
関西電力	○	○	○	100億kWh以上の売り入札	35万kWを切り出し済み	切り出し済みのため協議を予定せず
中国電力	○	○	●(注2)	30億kWh程度の玉出し（常時バックアップ等を含む）	早期に検討	10月12日協議開始
四国電力	○	○	○	20億kWh以上の売り入札（常時バックアップ含む）	今後協議（切り出し量などについて検討中）	10月24日協議開始
九州電力	○	○	●	50億kWh程度の売り入札	今後協議	9月28日協議開始

○は各社提出資料に記載されているもの。●は聞き取りによる結果を含む。
(注1) 現在、短期相対融通の契約なし。
(注2) 中国電力提出資料では「運用ルールの見直しといった、電力間融通を取引所取引に移行しやすくするための環境整備に向け、提案をしていく」とされているが、聞き取りによると、運用ルールが見直されなければ移行しないということではなく、電力間融通については、可能なものは先渡し市場に移行するとのこと。

自主的取組の概要（2）

○ 一般電気事業者の自主的取組について、基本方針との整合性を各社に確認したところ、「少なくとも供給予備力を超える電源は取引所に投入する」という考え方を基本としているとのこと。ただし、需給ひっ迫解消を前提としている事業者が多い。

> （参考）電力システム改革の基本方針（抜粋：12ページ）
> ① 一般電気事業者の市場への参加
> 　卸市場が機能するまでの当面の措置として、<u>少なくとも供給予備力を超える電源は卸市場に投入する</u>との考え方を前提とし、さらに市場が健全に機能するような取引ルールについて、年内を目処に詳細設計を行う。

○ この際の最低限必要となる「供給予備力」について、一般電気事業者の考え方を確認した結果は以下のとおり。

卸市場への投入に関する「供給予備力」についての一般電気事業者の考え方

➢ 予備力は8％または最大電源相当を基本とする

➢ 上記予備力を確保した上で、各断面で時間帯ごとに余力を判断し、原則全量投入する。

➢ ただし、短期停止中の電源の入札については、起動時に必要な燃料費等の追加費用も勘案した上で限界費用ベースで行う。また、揚水発電の池容量、燃料の確保などにより、投入量に制約がかかることがある。

②電源の確保上の課題：送配電事業者と小売電気事業者の予備力について

- ある電力会社では、従来の「エリア需要8％」から、本年4月以降、送配電事業者はエリア全体の安定供給の観点から「エリアH3の7％」を、それに加え小売電気事業者では「自社需要に対し従来同様」の予備力をそれぞれ確保する運用へ変更。

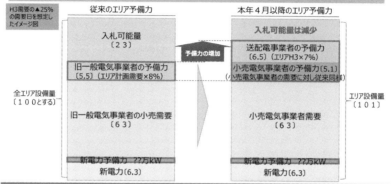

4月以降、送配電事業者分とは別に、小売電気事業者で従来同等の予備力が継続確保されることにより、取引所供出量が減少している状況が確認されている。

②電源の確保上の課題：小売全面自由化以降の取引所価格

- 2016年4月以降、システムプライスに大きな変化はないものの、北海道・東日本エリアにおいて高値（20円/kWh前後）となるケースが大幅に増加。同時に、30-40円/kWhへのスパイク頻度も増加傾向。
- 全面自由化後の新電力による買い入札増加の傾向や、売り入札の大部分を占める旧一般電気事業者の入札動向等を確認し、その要因の分析を行っていく。

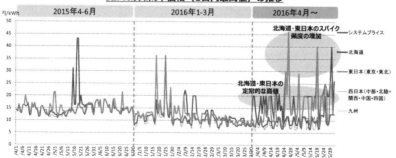

JEPXのスポット価格（1日内最高値）の推移

付録

図表目次

- 図1　買いポジションの損益関数　21
- 図2　売りポジションの損益関数　21
- 図3　ロングコールの損益関数　21
- 図4　MustRun電源のペイオフダイアグラム　23
- 図5　電力販売におけるペイオフダイアグラム　25
- 図6　合成関数としてのペイオフダイアグラムの例　25
- 図7　6種類の損益関数　27
- 図8　Middle電源の損益関数　27
- 図9　ロングコールのペイオフダイアグラム　28
- 図10　OrnsteinUhlenbeck過程＋ジャンプ過程のモデル例　41
- 図11　電気料金の考え方　45
- 図12　電力ビジネスに関する損益曲線　59
- 図13　SmileとSmirkを用いた『収益構造見える化』活用イメージ　59
- 図14　リスクリターンの考え方　60
- 図15　電力フォワードカーブの考え方 ――マーケットアプローチ　63
- 図16　電力価格シミュレータの活用　69
- 図17　VaR作成のプロセス　71
- 図18　時間帯を絞った日報の例　78
- 図19　収益構造見える化の例(1)　84
- 図20　収益構造見える化の例(2)　84
- 図21　フォワードカーブ計算結果のグラフ例　86
- 図22　VaR計算結果の例(1)　88
- 図23　VaR計算結果の例(2)　89
- 図24　リスクリターンの考え方　97
- 図25　制度設計ワーキングにおける自由化に向けた検討事項　120
- 図26　売買指値量と電力／原油価格指標の推移　121
- 図27　『電力取引とリスク管理』のメッセージ　126

用語集

五十音順

●一般担保付社債
　設立に関する特別法を有する発行体が発行する社債のことで、発行体の総財産の上に一般の債権者に対して優先する債権を認める制度に基づき発行される。

●インバランス
　計画値同時同量ルール運営下では、小売事業者も発電事業者も計画値通りに需給を合わせる運営を期待されている。しかしながら、ゲートクローズ時時点の実際の販売量や調達量は計画値から乖離が生じる。その状況をインバランスと称し、乖離した量をインバランス量と呼ぶ。このインバランス量には別途算定されるインバランス料金で各エリアの送配電事業者と清算される。(本用語集の語句、同時同量参照)

●ウィナー過程
　連続する時間においてブラウン運動が作りだす確率過程。金融市場における原資産の動きを予測する際に利用する。ちなみに、イギリスの植物学者ロバート・ブラウンが、水に浮かべた花粉の微粒子が、まるで生き物のように震動していることに気付いたことから、ブラウン運動と呼ばれる。

●エクスポージャー
　金融では、需給のミスマッチやギャップに関して、変動する市場価格に対する『エクスポージャー』と表現する。3つの用語は、いずれもほぼ同義として使われる。(本用語集の語句、ギャップ参照)

●オプション取引
　購入する、ないし販売する権利を売買する取引。売買に伴って生じる対価はオプション料と呼ばれる。

●価格ジャンプ
　市場取引が対象とする原資産の特性上、一定の価格水準を離れて突然価格水準が跳ね上がる性質。

●ガンマ
　市場価格の変動に対する対象資産の価値変動の大きさを示す指標の一つ。市場価格による2次微分値に等しい。

●基本料金
　契約電力の大きさに応じて需要家が支払う料金。電気を発電、及び供給するにあたって必要な設備形成や設備運営に関連する費用を想定した料金体系。

●ギャップ
　需要と供給のミスマッチにあたる差額を金融ビジネスでは、『ギャップ』と呼んでいる。トレーディングでは、流動性の高い商品でこのギャップを埋めるために変更や修正が容易であると考えられている。それに対して、ALMの世界ではこのギャップを埋めることは時間がかかり容易ではない。この点で、電力ビジネスはALMと類似している。

付録

- **9 電力体制**
  1939 年、戦時国家体制（国家総動員法）にあって、特殊法人の日本発送電と関連する 9 配電会社に日本の電力会社は統合された。沖縄電力を除く 9 社はこの日本発送電が元になっている。戦後の占領政策において、日本発送電の独占状態が問題視され、電気事業再編成審議会が発足した。その際に、同会長の松永安左エ門が GHQ を説得し、国会決議より効力が強い GHQ ポツダム政令が発令され、9 電力会社への事業再編（1951 年）が実現した。その後の高度経済成長は、電力不足を解消するために供給力の開発と提供に注力した強固な 9 電力体制が支えた。

- **金融的送配電権**
  Financial Transmission Right（FTR）。電力流通設備の使用において金融上の便益を受ける権利。北米・北東部の RTO ／ ISO である PJM で採用されている。

- **ゲートクローズ**
  電力市場において約定が許される最終タイミング。2016 年 4 月に 1 時間前市場が創設されたことに伴って、ゲートクローズは対象取引時刻の 1 時間前となっている。

- **欠測値問題**
  電力使用量に関する 30 分値同時同量データは各エリアのネットワークセンターから送信されてくるが、設備設置場所の関係上等でデータが未着となる問題。

- **現物取引**
  為替や金利、債券、有価証券、コモディティ等の特定の商品に対して、市場取引において市場の時ంで売買した代金と入れ替えに実際の現物の受け渡しが発生する取引。通常は約定日後、速やかに（例えば、同日〜2 日後）に決済が発生する。

- **コールオプション（ロングコールオプション、ショートコールオプション）**
  特定の価格で将来の一時点において購入する権利。同権利を買った場合はコールオプションを保有している状態で、ロングコールと呼ばれる。同権利を売った場合はコールオプションを手放した状態で、ショートコールと呼ばれる。

- **再生可能エネルギー発電促進賦課金単価**
  再生可能エネルギーで発電した電気を買い取る固定価格買い取り制度で適用される単価。また同制度は、再生可能エネルギーで発電した電気について、各エリアの電力事業者が一定価格で買い取ることを国が約束する制度のこと。

- **先物取引**
  Futures contract、フューチャーズ取引と呼ばれる。予め定めた価格を用いて現時点で売買する取引。価格や数値が変動する各種有価証券・商品・指数等を対象に売買が行われ、デリバティブ取引（派生商品）の一つに挙げられる。取引諸条件がすべて標準化、定型化され、取引所で行われる取引所取引に分類される。最終決済時点で現物の受け渡しを行う現物決済と資金の受け渡しだけ行う金融決済といった決済方法が用意される。

- **先渡取引**
  Forward、フォワード取引と呼ばれる。特定の商品または指標に対して、将来の特定の期日に現在定める価格で売買する取引。この点では、先渡取引と先物取引とは同じであるが、先渡取引は商品の種類、数量、受け渡しの時期、売買の場所等の条件に関して、売買当事者間で任意に定める、通常は相対取引であり、現物決済を伴う。そのため、期限日までの間に取引の対象商品の値動きによって契約を変更したり、解約したりする場合、相手方との交渉が必要になる。

一方で、取引所取引である先物取引は期限日前にいつでも自由に反対売買、すなわち売り手は買い戻し、買い手は転売することによって、当初の契約を解消することができる。JEPXで行われている先渡取引は、取引所で行われているため相対取引ではない一方で、現物決済を前提にした中間的な仕組みといえる。

● 30分値同時同量データ
各エリアのネットワークセンターから送信されてくる需要家の電力使用量データ。30分ごとに送信されてくる。数回に分けて当日中に送信されてくる速報値と月末を過ぎて請求処理に使用される確報値がある。

● 自家発補給契約
自家発電設備を所有している需要家に対して、自家発電設備が検査や事故で停止した際に電気を補給する契約。

● 時間的価値
Time Value。オプション取引において、最終期日に至るまでに行使価格と市場価格との差額に上乗せされていると考える価値。最終的な損益状況が決まる以前の段階では、市場価格がどういった水準に収まるかわからないため、最終損益が未確定である分、確率的な価値が上乗せされていると考える。

● 時間前市場
JEPXにおいて当日の電力を売買する市場。2016年3月までは4時間前市場として平日のみに約定する（従って、土曜・日曜分は翌月曜日分と合わせて金曜中に約定する）市場であったが、同年4月からは1時間前市場となり、平日に加えて土曜・休日においても毎日約定が可能な市場としてスタートした。

● 市場分断
JEPXの前日スポット市場において、隣接するエリア間の連系線容量に制約があると両エリアの前日スポット価格に乖離が生じる現象。

● 自主的取り組み
卸電力市場活性化を図るため、旧一般電気事業者が表明した取り組み。①予備率8％、ないし最大電源相当を超える電源は市場投入する、②各断面で時間帯ごとに余力を判断し、原則全量投入する、③ただし、短期停止中の電源の入札については、起動時に必要な燃料費等の追加費用も勘案した上、限界費用ベースで行う。また、揚水発電の調整池容量、燃料の確保などにより、投入量に制約がかかることがあるといった内容が表明された。

● 従量料金
電力使用量に応じて需要家が支払う料金。電気を発電、及び供給するにあたって使用される電力量に応じて関連する費用を段階的に課す料金体系。

● 需要期
電力事業で使われる際には、年間で電気の需要が高まる季節を示す。各エリアで時期的なずれは生じるものの、概ね夏期（6月下旬～9月）と冬期（12月下旬～3月中旬）を指す。発電設備の利用率が高まり、連系線にも分断が発生しやすい。

● 常時バックアップ制度
新規に需要家を獲得する新電力は、進出しようとするエリアの旧一般電気事業者から、新規契約の3割にあたる契約電力を締結することができる制度。

●前日スポット市場
JEPXにおいて取引される、翌日の0時から始まる30分ごと48コマを対象にした電力取引。決済資金の受け渡しは約定成立日の2営業日後（取引対象日の翌営業日）となる
●タイムディケイ
市場価格の変動に対する対象資産の価値変動の大きさを示す指標の一つ。時間推移に対する価値変動を示す。
●託送、託送料金
託送とは、各発電設備（PPA契約で特定している電源も含む）から取得した電気を需要家に届けること。託送するにあたっては、各エリアの送配電網を利用することになる。この際の利用料金が託送料金。郵便物を送る際に、切手を貼って郵送料を支払うのと同様。ただし、託送料金は各エリアの送配電設備に係る改修や将来の設備形成を考えた費用負担になっている。また、託送料金は、電気を利用する需要家全体で負担することになっており、送配電網の管轄エリアごとに異なる基本料金や従量料金で構成される
●中心回帰性
市場取引が対象とする原資産の特性上、一定の価格水準に収束しようとする性質。
●デマンドレスポンス
送配電事業者や発電事業者の要請に応じて、需要家が使用中の電力使用量を調整する行為。要請の内容によっては、電力使用量を減少することも増加することも考えられる。
●デリバティブ取引
Derivatives、派生商品とも呼ばれる。為替や金利、債券、有価証券、コモディティ等の特定の商品に関する現物取引から派生してできた取引。先物取引（フューチャーズ）、スワップ取引、オプション取引の総称で、予約の一種。予約とは、将来の時点で商品を売買する約定。将来に損益（差金）部分のみをやりとりするところに特徴がある。
●デルタ
市場価格の変動に対する対象資産の価値変動の大きさを示す指標である。市場価格による1次微分値に等しい。
●電力管区（エリア）
日本は、北海道から沖縄まで、一般電気事業者（2016年4月以降は、小売電気事業者として新規電力事業者と電気事業法上区別がなくなったことから、『旧一般電気事業者』と呼ばれる）が10社ある。従って、国内10エリアが存在する。一方で、沖縄を除く9社、9エリアを意識した検討や評価も多い。
●電力購入契約
PPA（Power Purchase Agreement）のこと。電力調達の際に締結する契約の一般的な呼称。
●電力債
電力事業者が発行する一般担保付社債。旧一般電気事業者は、電気事業法を設立に関する特別法として持ち、大規模な設備を維持・管理する旧一般電力会社の長期資金調達を円滑に運営するため、当該債券の発行を認められてきた。
●同時同量
特定の時間帯における電力需要量と電力供給量を合わせるオペレーション。2016年4月から、それまで行われていた実同時同量として電力需給予想を各エリアの送配電事業者に提出するや

り方以外に、需要側と調達側を分けて計画値を広域機関に提出する計画値同時同量の運営が可能となった。
- ●日本卸電力取引所
JEPX（Japan Electric Power Exchange）。日本における電力の現物取引および先渡取引を仲介すべく、2003年11月に設立。2005年4月1日より卸電力取引がスタートした。
- ●ネガワット取引・ネガワット市場
電力の需要者が節電や自家発電によって需要量を減らした分について、発電したものとみなして、広域機関や送配電事業者、小売電気事業者が買い取ったり、市場経由で売買したりする取引、及びそういった取引を売買する市場。JEPX等、通常の電力売買がポジワットの取引であるとの考え方に対して、電力需要者側から節電行為等で創出される発電と同等の効果を意識した取り組み。
- ●ネットワークサービスセンター
NSC（Network Service Center）。小売電気事業に新規参入する事業者には、エリアの送配電事業者が運営するネットワークサービスセンターが用意されている。ネットワークセンターからは、各需要家が使用する電力データが30分単位で配信される仕組みが提供されている。
- ●燃料費調整制度
各エリアの一般電気事業者が海外から調達した燃料費を広く域内の需要家に負担してもらう制度。そのため、エリアごとに費用総額が異なる上に、その負担配分にあたっては、特別高圧、高圧、低圧部門といった需要家グループ毎に異なっている。
- ●端境期
電力事業で使われる際には、年間で電気の需要が低い季節を示す。各エリアで時期的なずれは生じるものの、概ね春期（3月下旬～6月中旬）と秋期（10月～12月中旬）を指す。発電設備の定期点検や連系線の保守・工事が入りやすい。
- ●発電スタック曲線
市場に投入可能な全発電所について、限界コストが小さい順に発電供給量を積み上げて作成する電力供給曲線。
- ●ヒストリカルシミュレーション
過去の実績データから価格水準や価格変動の情報を抽出して、フォワードカーブ等のメインシナリオに適用してシナリオが変動する可能性やその振れ幅を評価する手法。
- ●ファンダメンタルモデルアプローチ
需要の価格弾力性は略ゼロとする電力需要曲線を想定する一方で、市場に投入可能な全発電所について限界コストが小さい順に発電供給量を積み上げて電力供給曲線を作成し、将来時点における需給均衡点を予測しようとするアプローチ。
- ●フォワードカーブ
ある将来時点に成立する取引を現在において約定することができる価格。将来時点の当該価格水準を辿ることで、一連の価格水準をセットで想定することができ、フォワードカーブと呼ばれる。
- ●プットオプション
特定の価格で将来の一時点において販売する権利。同権利を買った場合はプットオプションを保有している状態で、ロングプットと呼ばれる。同権利を売った場合はプットオプションを手

放した状態で、ショートプットと呼ばれる。
●物理的送電権
Physical Transmission Right（PTR）。電力送電設備を物理的に使用する権利。物理的送電権の例としてドイツ・ベルギー・オランダ間の国際連系線を対象とした送電容量オークションが挙げられる。
●ベガ
市場価格の変動に対する対象資産の価値変動の大きさを示す指標の一つ。価格変動の程度を示すボラティリティの1次微分に等しい。
●ポジション
金融における管理手法では、市場価格が変動することで自ら保有する資産価値が変動してしまう状況を把握し、説明する必要がある。その際に、自分の損益に関するステータスについて『ポジション』という表現を使う。
●ポートフォリオ
金融用語の一つ。対象とする契約や保有資産のリストについて、書類入れを英語で意味する『ポートフォリオ』と呼んでいる。
●本源的価値
Intrinsic Value。オプション取引において、最終期日における市場価格と行使価格との差額。
●マーケットアプローチ
為替効果を勘案した燃料フォワードカーブをベースに、国内電力需給や発電事情を加味して作成するフォワードカーブ。まず、石炭やLNG・石油を燃料に発電する電源の発電効率から限界コストを計算し、その上で将来時点に応じた市場の需給均衡点に近いマージナル電源の限界コストと比較調整して適用すべき発電効率の水準、及びマーケットヒートレートを定める。先の燃料フォワードカーブと適用すべきマーケットヒートレートから電力フォワードカーブを導くアプローチ。
●マージナルプラント
各季節や時間帯の需給変動に応じて、当該時間帯の市場価格の水準を決定する発電設備のこと。同発電設備の限界費用が市場価格を決定すると考える。
●メリットオーダー
発電する際の限界コストが低い順番に発電設備が稼働するという考え方。経済効率性を重視した発電順位を議論する際に用いられる概念。
●モンテカルロシミュレーション
フォワードカーブ等のメインシナリオを中心にコンピューターで複数のシナリオを発生させる手法。
●容量市場・容量メカニズム
通常の電力市場が供給量（キロワットアワー：kWh）を対象にして売買されるのに対して、将来の供給力（キロワット：kW）を取引する市場。系統運用者が数年先までの将来にわたる供給力を効率的に確保するために、発電所などの容量を対象に市場で売買させる仕組み。
●力率割引、力率割増
需要家が使用する設備によって掛かる負荷に応じて調整される料金割引や割増。15%引きにあたる0.85という力率が適用される需要家が多いものの、需要家によっては異なる力率が適

用される場合がある。
- ●リスクキャピタル
  リスクを取る結果としての損失を吸収することができる資本金やその規模のこと。日次の損失予想額が算定されれば、対象ポートフォリオの市場価格の値動きが正規分布であって、前後の日々の動きに相関がないとすると、1年間に必要なリスクキャピタルはルート250倍（約15.8倍）することになる。
- ●リスク値
  特定の期間において一定の確率の下で発生する損失金額のこと。金融におけるBIS II規制では、99%VaRとして発生確率1%における損失予想額を規制対象の基準として標準的に採用することを示した。
- ●連系線
  旧一般電気事業者が管轄する各エリア間の系統を相互につなぐ設備。
- ●連系線制約
  連系線を安定的につなぐことを阻害する要因のこと。熱容量、同期安定性、電圧安定性、周波数維持の面から制約要因に対する安定度を計測し、管理する。

アルファベット順

- ●ALM
  Asset Liability Management。金融ビジネスにおいて、保有する資産と負債の期間、及び規模のミスマッチを管理する考え方、及び手法のこと。期間対応した資産と負債の吻合状況を考えながら、対象期間におけるポートフォリオの時間的な収益性の変化を把握することを目指す。
- ●AOT
  Asset Optimization & Trading。市場機能と併用することで、発電資産やその他電力ビジネスに係る関連資産が潜在的に保有する価値を最大限引き出そうという考え方。Trading Around Assetとも呼ばれる。
- ●BIS II規制
  1996年にバーゼル銀行監督委員会がリスク管理体制の強化を目的として導入した市場リスク規制。バーゼル規制の第二弾として、BIS II規制と呼ばれる一連の規制の中の一つ。
- ●CFD
  Contract for Difference。証拠金をベースとして有価証券、指数、先物、通貨等を対象にする差金決済取引。取引対象の現物受け渡しを行わずに、その売買の結果として発生した差額だけを決済する。
- ●EaR
  Earning at Risk。金融ビジネスにおけるEaRは、特定の期間に発生する金利収支を中心に各種損益を把握し、金利を主要なリスクファクターとした期間損益の分布を作成するもの。これに対する発展形として、一般企業におけるEaRは、同様な期間損益を測定しつつも、主要商品・材料の価格変動に始まり、気温や為替・燃料・景気動向・消費者行動等をリスクファクターとして、損益分布を作成することができる。

付録

● EPAD
北欧のノードプールで採用された地域間値差をヘッジする商品。Electric Price Area Difference のこと。日本の場合、システム価格とエリア価格の値差を対象に行う CFD（Contract for Difference）として適用することが考えられる

● FIT 制度
Feed-In Tariff、固定価格買い取り制度。再生可能エネルギーの普及を目的に、同エネルギーにより生成された電気の買い取り価格（タリフ）を法律で定めた助成制度。

● Middle 電源
市場価格に合わせて運転の稼働を調整できる電源。自らの発電限界コストより市場価格が高い時には、電源を ON にして市場価格対比で有利な運転を継続し、自らの発電限界コストより市場価格が低い時には停止することができる電源。LNG 焚きの電源がその典型。

● Must Run 電源
一定の限界コストで発電をし続け、市場価格の変動に合わせて発電を停止したり、再開したりすることが容易ではない電源。水力発電や石炭火力発電がその典型。

● Peak 電源
高水準な市場価格が出現する際に経済性が生まれて発電する機会が生じる電源。石油焚きの電源や揚水発電がその典型。ピーカーと称されることも多い。

● PPA
Power Purchase Agreement。本用語集の語句、電力購入契約参照。

● Smile（スマイル）
F-Power における『収益構造見える化』の運営において、市場価格が下落しても、上昇しても収益が確保される損益関数の状態を現したステータス。

● Smirk（スマーク）
F-Power における『収益構造見える化』の運営において、市場価格が上昇すると収益が減少する損益関数の状態を現したステータス。

● Smirk and Prepare
F-Power における『収益構造見える化』の運営において、Smirk が確認された場合、不慮の損失に備えてリスクキャピタルを用意しておく行為。

● Smirk to Smile
F-Power における『収益構造見える化』の運営において、Smirk が確認された場合、損失の可能性を抑えるべく、Smile の損益関数を構築する行為。

● VaR
Value at Risk。本用語集『リスク値』の語句説明参照。

脚注

1 バーゼル規制の第二弾として、BIS II 規制と呼ばれる一連の規制の中の一つ。
2 Value at Risk
3 特定の期間において一定の確率の下で発生する損失金額のこと。金融における BIS II 規制では、99%VaR として発生確率1％における損失予想額を規制対象の基準として標準的に採用することを示した。99% VaR とは、損益の発生状況を正規分布と仮定した際に、標準偏差×2.33 の閾値における損失額をリスク値として定義したもの。99% VaR 以外に、95%VaR（標準偏差×1.65）も規制以外の現場で利用されている。
4 ただし、実際は各国や金融機関ごとに採用する基準や手法のバラツキを許容しており、一種の方言もあり得る運営となっている。
5 COSO の展開は、そのような事例のひとつ。COSO とは、トレッドウェイ委員会組織委員会（Committee of Sponsoring Organizations of Treadway Commission）の略称。COSO が提示した内部統制のフレームワークが有名。米国では、1980 年代前半に金融機関を含む多くの企業の経営破綻が大きな社会・政治問題となり、これに対処するため、1985 年に米国公認会計士協会（AICPA）が、米国会計学会、財務担当経営者協会、内部監査人協会、全米会計人協会に働きかけて成立。内部統制の重要性を指摘し、特にその評価に関する基準の設定を勧告、内部統制のフレームワークを提示することを目的とした。
6 日本においても「事業リスク評価・管理人材育成システム開発事業」が、経済産業省の事業の一環として、2005 年 3 月に「先進企業から学ぶ事業リスクマネジメント実践テキスト」が纏められている。http://www.meti.go.jp/policy/economic_industrial/report/downloadfiles/g50331i00j.pdf
7 いわゆる価格（異なる商品間の価格指標）や金利（現在と将来の交換を成立する価格指標）、為替（異なる通貨間の価値交換を成立させる価格指標）が代表例。
8 これは、コンピューターにおける計算速度の高速化、及び計算コストの減少といった点に負うところが大きい。そのようなコンピューター技術における 1980 年代以降の目覚ましい発展が、単なる理論に終わらないリスク管理手法の適用を可能としている。
9 いわゆるリスクの期間構造。電力ビジネスの場合、月毎に需要家との電力契約が締結され、発電側の運営も月毎に燃料価格の調整が入る。従って、月単位で大きくリスクの構造が変化する。
10 およそ金融市場で取引されている金利商品は、クーポンの支払いを定期的に発生するパーカーブの商品。これらの商品が示す価格水準より、特定の将来時点における価値と現在の価値を等価にするフォワードカーブを生成する。また、為替市場のフォワードカーブも、通常 1 年以内の短期取引であるが、同様の手法で生成される。そのような生成手法は、本稿説明の対象外としたい。
11 特に日本の電力市場においては、市場参加者誰もが確認できるフォワードカーブが未だ存在していない。
12 電力市場のフォワードカーブにおける複雑さは、実際の運用面でも様々な課題を生む。1

付録

日あたり48コマの価格が存在することから、時間帯別の管理や商品設計・料金メニューが生じ、当然にして後続の管理手法やシステム設計がより複雑になる。また、商品やメニューにおける価格水準の設定についても、流動性の欠如や管理コストの大きさを反映したもの（金融で意識するところのBid／Offerスプレッド）が求められる。その一方で、自由化が進んだ際の価格競争を通じてこれらスプレッドが縮小する点は、金融の場合と共通である。

13 信頼区間99％が意味することは、発生する事象が1％であること。1％＝100％－99％。
14 リスクとしての損失を吸収する資本金。日次の損失予想額が算定されれば、対象ポートフォリオの市場価格の値動きが正規分布であって、前後の日々の動きに相関がないとすると、1年間に必要なリスクキャピタルはルート250倍（約15.8倍）することになる。
15 ただし、少なくとも日本の電力ビジネスの現状の場合に該当する。海外では、市場によっては流動性が充分確保される展開になってきている。しかしながら、いずれの市場でも初期の段階では、流動性の欠如といった難しい共通の課題を抱える。
16 Japan Electric Power Exchange（http://www.jepx.org/index.html）。以降、日本卸電力取引所における前日スポット市場や同市場価格を表して『PX市場』・『PX価格』といった表現を用いる。
17 F-Powerにおいては、月次の粗利益ベースの損益分布を作成し、95％VaRを基準にリスク計測を行っている。詳しくは、第4章(イ)②にて掲載する。
18 いわゆるALM（Asset Liability Management）
19 F-Powerにおいては、『収益構造の見える化』として、需要家との契約と発電資産からなるポートフォリオ全体をPX市場価格に対する関数として表現する手法を採用している。詳細は後述。
20 いわゆるPPA（Power Purchase Agreement）
21 発電スタック曲線と呼ばれる。
22 本来的には、広域的運営推進機関が関連情報を全て管理・運営・公表することができれば、そのようなファンダメンタルモデルを作成・運用する意義は大きい。
23 F-Powerでは、本アプローチを採用している。まず、将来時点における当該マージナル電源を選択する際には、過去に成立した市場価格と何らかの予備率と特定の時間帯や季節ごとに推定した相関式を採用する。例えば、1年先まで将来予備率を推定すると、該当する時間帯の市場価格が推定できる。これらの情報を基に、為替・燃料フォワードカーブと発電効率から得られるマージナル電源の限界コストを勘案して最終的な電力フォワードカーブを作成している。
24 ただし、時間帯ごとの相関式の推定や限界コストのハンドル等、計算量や計算の仕組みは煩瑣になる。
25 ただし、季節や時間帯によっては、相関式の傾きや信頼度にばらつきがあり、モデルを運営するにあたって、それらの課題や限界を意識・分析する必要がある。
26 金融では、ゼロクーポンレートを作成する際に用いられるブートストラッピングという手法を一般的に採用する。詳細は、本稿で扱わない。
27 これらの周期性を兼ね備えたフォワードカーブを単純に時系列で把握・管理する発想は、

その後の運営を考えると多くの課題を生むことになる。特に、電力価格の振る舞いを再現するモデルを作成する際には、パラメータの抽出を一層困難なものにする。(第3章⑦参照)

28 例えば、価格水準や価格周期性。

29 日本の場合、JEPXにおける30分単位の前日スポット価格。

30 金融の世界では、市場価格が変動することで自ら保有する資産価値が変動してしまうステータスにあることを自分の損益に関する『ポジション』がどういった状況にあるかといった表現を使って常に把握する習慣がある。そこで、そういったステータスを示す用語として『ポジション』といった表現を使う。

31 デルタとは、市場価格の変動に対する対象資産の価値変動の大きさを示す指標である。市場価格による1次微分値に等しい。金融の世界では、デルタ以外にガンマ（市場価格による2次微分）、ベガ（価格変動を示すボラティリティの1次微分）、タイムディケイ（時間推移に対する価値変動）といった指標を用いることにより、自らの損益状況を示す損益関数の性質や特徴を表現する。

32 Must Run 電源とは、いったん発電を始めると一定の時間、運転が求められるもの。市場価格の変動に合わせて電源の運転を停止したり、再開したりすることが技術的に困難な電源を指す。

33 限界コストや従量料金を考える際には、化石燃料による発電設備の場合は、燃料調整費の影響を月次で反映する効果を織り込む必要がある。

34 あるいは、発電設備が発電、及び待機している機関における30分単位の時間コマ数に対して、固定費相当額を等しく分配するアプローチも考えられる。

35 日本は、北海道から沖縄まで、一般電気事業者（2016年4月以降は、小売電気事業者として新規電力事業者と電気事業法上区別がなくなったことから、『旧一般電気事業者』と呼ばれるようになった）が10社ある。従って、国内では10エリア存在する。

36 以下、二部料金制における基本料金の取り扱いは、いずれの損益関数で取り扱う場合も同様である。

37 または、市場価格との対比で運転／非運転が決まるオプション電源と呼ばれる。

38 需給逼迫時に電気の使用を抑制するよう需要家に依頼する仕組み。市場価格の高低に合わせて行うデマンドレスポンスの場合、ここでいうロングコールで表現対象となる。

39 Intrinsic Value と呼ぶ。

40 Time Value と呼ぶ。

41 あるいは、Trading Around Asset とも呼ぶ。

42 実際は、対象商品の市場流動性やディーラーの権限を意識して保有できるポジションの枠を設定する。しかしながら、当該商品の契約条件や物理的制約から設定されるものではない。ただし、金融においてもALMのオペレーションでは量的制約をより考えながら運営することがある。対象の市場に対してオペレーションの規模が大きくなると意識せざるを得ない状況が生まれる。

43 2016年4月から、それまで行われていた実同時同量として電力需給予想をエリアの送配電事業者に提出するやり方以外に、需要側と調達側を分けて計画値を広域機関に提出する計画値同時同量の運営が可能となった。

44 2016年4月に1時間前市場が創設された。これによりゲートクローズは対象取引時刻の

	1時間前となっている。
45	計画値同時同量ルール運営下では、小売事業者も発電事業者も計画値通りの運営を期待されている。しかしながら、ゲートクローズ時時点の実際の販売量や調達量は計画値から乖離が生じる。その状況をインバランスと称し、乖離した量をインバランス量と呼んでいる。このインバランス量には別途算定されるインバランス料金で各エリアの送配電事業者と清算される。
46	『収益構造の見える化』のように需要と供給のミスマッチにあたる差額を金融の世界では、『ギャップ』と呼んでいる。トレーディングの世界では、流動性の高い商品でこのギャップを埋めるために変更や修正が容易であると考えられている。それに対して、ALMの世界ではこのギャップを埋めることは時間がかかって、容易ではない。この点、電力ビジネスはALMと類似している。
47	金融では、こういった需給のミスマッチやギャップに関して、変動する市場価格に対する『エクスポージャー』と表現する。3つの用語は、いずれもほぼ同義として使われる。
48	ここでいう現状は、筆者が本書を著す2016年夏の時点。
49	Power Purchase Agreement（電力購入契約）の略称。
50	48コマ／日×365日／年＝17,520コマ／年
51	ピーク時間帯を除く日中時間帯は、各エリアの電力会社によって、オフピーク時間やデイタイム、昼間時間といった名称が使われている。
52	ただし、エリアによって時間帯の定義が異なる。例えば、中部電力や関西電力ではオフピーク時間帯は夏期の13時から16時を除く、7時から23時と定義しているが、東京電力は同時間帯を夏期の13時から16時を除く、8時から22時と定義している。また、JEPXの日中取引は、8時から18時を対象にしている。
53	ただし、低圧需要家や家庭用の太陽光発電ともなると、1件1件の契約情報をモデルに反映することは、件数が増えるに従って次第に難しくなる。その際には、契約情報やロードカーブの形状に即してグルーピングを検討する必要が出てくる。
54	金融用語の一つ。対象とする契約や保有資産のリストについて、書類入れを英語で意味する『ポートフォリオ』と呼んでいる。
55	ただし、何らかの電力調達を想定する必要がある。全量市場調達も考えられるが、特定の電源を充当した合成損益関数の試算も可能である。
56	その他に、BISII規制の中では、保有資産・負債の価値変動をもたらすリスク要因が正規分布することを前提とした分散・共分散法といったVaR計測手法がある。
57	ランダムウォークモデル、平均回帰モデル、それらを組み合わせたOrnstein Uhlenbeck過程といった確率過程モデル、あるいは自己回帰移動平均モデル等のアプローチがある。
58	ウィーナー過程とは、連続する時間においてブラウン運動が作りだす確率過程。金融市場における原資産の動きを予測する際に利用する。ちなみに、イギリスの植物学者ロバート・ブラウンが、水に浮かべた花粉の微粒子が、まるで生き物のように震動していることに気付いたことから、ブラウン運動と呼ばれる。
59	損益計算書を作成する際には、営業外収益や営業外費用を加味して経常利益を求める、あるいは特別利益や特別損失を考慮する必要がある。日報の性格を考えると、こういった日々の損益に反映しがたいPL構成要素は日報における損益計算の対象外にする。

60　本稿では特別高圧や高圧部門の電気料金を事例に説明する。低圧部門は、家庭用電気料金のように最低料金制や3段階料金といった異なる料金計算方法がある。

61　規制料金の水準は、経済産業省資源エネルギー庁が主催する料金審査のための委員会（2016年10月以降は、電力・ガス取引監視等委員会が主催する電気料金審査専門会合）にてエリアごとに審査されている。

62　定額制の低圧部門では契約電力の大きさやメニューによっても異なっている。

63　経済産業省が主催する調達価格等算定委員会の意見を尊重し決定されている。

64　小売電気事業に新規参入する事業者には、エリアの送配電事業者が運営するネットワークサービスセンターが用意されており、各需要家が使用する電力データが30分単位で配信される仕組みができている。日中送られてくるこのデータは、同時同量データと呼ばれる。これに対して、月末を過ぎて料金計算に利用することができるデータ配信もある。これは確定値データと呼ばれている。

65　小売電気事業者は、計画値同時同量制度の下、30分毎に電力販売、及び調達の計画値を広域機関に届ける必要がある。その計画値から乖離する実績値との差額は、インバランスとして別途料金精算される。

66　託送料金は、経済産業省資源エネルギー庁が主催する料金審査のための委員会（2016年10月以降は、電力・ガス取引監視等委員会が主催する電気料金審査専門会合）にてエリアごとに審査されている。

67　インバランス制度の内容は、2016年4月から大きく変わった。それまでは、特定規模電気事業者（いわゆる新電力）だけを対象に、実同時同量のルールで報告された値の上下3％を超える際には大きなコストを支払う（超過の際には季節に応じた高額な料金単価、不足の場合は0円／kWhで清算される）運営であった。同年4月より、旧一般電気事業者も新規参入者も同じ小売電気事業者として、インバランス単価は前日スポットと1時間前市場の各終値をそれぞれの市場約定量に応じて加重平均とする考え方に移行した。

68　Excel 2013の場合。

69　筆者がF-Powerに入社したのは2011年1月。

70　ここでいうモデル化というのは、対象とするビジネスに対して必要なインプットを投入し、適切なビジネスロジックを採用すれば、正しいアウトプットが計算できるような仕組みを作ることになる。具体的には、Excelや必要なソフトウェアにビジネスロジックを倒して、該当するビジネスロジックを実現することになる。

71　この際の発電コスト、並びに従量料金には、契約者と合意した燃料調整費を反映させる。

72　第2章(ア)②参照。

73　日報作成には、日々配信されてくる同時同量データを利用する。ただし、欠測値が残っていることもあり、月末に再配信されてくる請求書作成用の確報値データで日報作成を再作成することも可能である。

74　後になって、東西エリアごと等の細分化した収益構造見える化に着手した。

75　1か月より先の『収益構造見える化』も想定したが、そもそもの需要予測等において、求める精度と計算量をExcelでこなすことは難しいと考えた。チャレンジの度合いは、経営者や運営者の問題意識によるものと思える。

76　ただし、季節や時間帯によっては、損益関数がフラットになったり、左下がりになったり

付録

	することもあった。
77	Smirk といい、皮肉っぽい顔で笑うこと。ポパイのような口の形。
78	連系線とは、旧一般電気事業者が管轄するエリアの系統を相互につなぐ設備。連系線制約とは、その連系線を安定的につなぐことを阻害する要因（熱容量、同期安定性、電圧安定性、周波数維持）のこと。
79	日本、韓国向けの LNG スポット取引価格指標。
80	日本に輸入される全原油平均価格（Japan Crude Cocktail）。
81	日本に輸入される全 LNG 平均価格（Japan Liquid Natural Gas Cocktail）。
82	日本の原油等燃料調達の場合、Brent 原油を指標とすることが多いといわれる。その価格が輸入通関統計における JCC に反映されるまでに 1 か月、JLC に反映されるまでには JCC に遅れること 3 か月の時間差がある。
83	発電する際の限界コストが低い順番に発電設備が稼働するという考え方。経済効率性を重視した発電順位を議論する際に用いられる概念。
84	このように市場価格の水準から逆算できる各種指標について、金融の世界では市場価格が Imply（内包する）する指標といった表現がなされる。
85	予備率は、でんき予報等の電力会社が一般に使用する計算方式に従って、『予備率＝（最大供給力—需要）／需要』の算式を用いた。
86	加えて、エリアごとに需要量や供給量のデータを揃えることが難しく、また 30 分ごとに整えるのも困難であった。仮にデータが取得できても、Excel で対応するには計算量的にも難しいと考えた。
87	理想的には、30 分単位で需要量と供給力を設定したいところであったが、エリアの細かな需給情報を取得することは、新規参入者には難しい。F-Power では、日最大供給力が日々取得できる計量値であり、時間ごとや 30 分ごとに展開することはできなかった。
88	マージナルプラントの選定にあたって、『サンプル期間内の同時間帯に出現した電源の種類とその際に観測された全予備率を対象に平均値を計算し、将来予備率に最も近い平均値を示す電源の種類』をマージナルプラントとするロジックを採用したが、当初は 30 分時間帯ごとの出現頻度に合わせて確率的なアプローチも試行した。その結果は必ずしも安定的でなかったため、本ロジックで判定した。このあたりは、モデル作成に対する取り組みスタンスにより、様々なアプローチが考えられる。
89	フォワードカーブの考え方を説明する文書として、TOCOM 及び経産省から『電力先物の価格形成手法に関する調査』報告書が取りまとめられている。http://www.meti.go.jp/meti_lib/report/2016fy/000237.pdf
90	モデルの選定は、運営主体によって各種アプローチが可能であろう。いずれにせよ、実務的に運営することや実現性を考えたモデル選定が必要である。一方で、パラメーターの抽出・選定は、30 分時間帯ごとに行うことは避けた。先の 3 × 3 の時間帯ごとにパラメーターを抽出・投入する仕様とした。
91	パスを取得する際には、10,000 通りのパスの本数を Excel で取り込める数に絞り込んで CSV で排出する仕様にした。
92	99% VaR、並びに 95% VaR を計算する際の標準偏差に対する掛け目は、それぞれ 2.33、1.65 となる。

93 金融機関における規制という観点からすれば、BIS 規制でいう 99% VaR やエネルギーの特性を考えた稀頻度の VaR を考えるべきとの議論がある。規制の観点からそういった議論は否定するものではない。しかしながら、日常的なオペレーションの中で、数十年に1度に発生するリスクへ対応するために運営体制を整備するのは、現実味に欠ける。日常的に有効なリスク管理体制を構築するには、95% VaR 程度でリスクが発生する事態を想定することが好ましいと考えた。また、F-Power で採用している現時点での VaR は、EaR といった方が正確である。VaR は同じ損益分布でも将来損益を現在価値ベースに計算された損益分布である。F-Power で利用している VaR は、将来時点で実現するであろう損益分布を指しているため、むしろ EaR と捉えた方がよい。
94 リスクリターンは、期待損益と VaR 値を示す閾値との差をリスクとして分母とし、期待損益をリターンとして分子に取ることで求まる指標とした。
95 30 日であれば、1,440（= 48 コマ× 30 日）。
96 F-Power の社内では、同比率を PX 比率と称して活用した。
97 RAW に関連した開発の中では、プライシング機能も用意した。RAW 開発で整えた各種計算機能やデータベースを共用しつつ実現した、プライシング向け計算機能。紙面の都合上、本書が説明する対象外とした。
98 Smirk to Smile に対して、本フレーズを標語にリスク管理の必要性や発想について、社内の理解が浸透するように努めた。なお、本アプローチは、RAW 開発前から採用していた。
99 新規に需要家を獲得する新電力は、進出しようとするエリアの旧一般電気事業者から、新規契約の 3 割にあたる契約電力を締結することができる制度。
100 1939 年、戦時国家体制（国家総動員法）にあって、特殊法人の日本発送電と関連する 9 配電会社に日本の電力会社は統合された。沖縄電力を除く 9 社はこの日本発送電が元になっている。戦後の占領政策において、日本発送電の独占状態が問題視され、電気事業再編成審議会が発足した。その際に、同会長の松永安左エ門が GHQ を説得し、国会決議より効力が強い GHQ ポツダム政令が発令され、9 電力会社への事業再編（1951 年）が実現した。その後の高度経済成長は、電力不足を解消するために供給力の開発と提供に注力した強固な 9 電力体制が支えた。
101 日本全国で採用されている電圧は 100V。実際は、周波数は、静岡県の富士川と新潟県の糸魚川を結ぶ線を境界に東日本は 50Hz、西日本は 60Hz となっている。前者にはドイツの発電機、後者にはアメリカの発電機を明治期に導入されたのが理由。電圧については△5%〜＋7%の範囲で、周波数については 0.2Hz の変動で一部需要家の機器に影響が出ると言われ、それを逸脱すると停電の引き金となる。そのため、電圧変動や周波数変動は常時監視の対象となっている。
102 旧一般電気事業者が発行する電力債の発行額は、ストックベースで日本の社債市場全体の約 2 割を占めると言われる。
103 2020 年 4 月 1 日より、経済産業大臣の認可を受けた場合を除いて、一般送配電事業者等が小売電気事業や発電事業を行うことが禁止されるという兼業規制が規定された。法的分離と呼ばれる。法的分離を実現するにあたっては、持株会社方式や事業親会社方式がある。なお、東京電力は法的分離を選択し、2016 年 4 月 1 日から持株会社化により先行して実施している

104 第10回制度設計ワーキング http://www.meti.go.jp/committee/sougouenergy/kihonseisaku/denryoku_system/seido_sekkei_wg/pdf/010_06_05.pdf
105 その先、広く電力業界の再編やその可能性を検討するタイミングが生まれるかもしれない。
106 東京外国為替市場委員会の活動に関する報告書は以下に掲載されている。東京における活動は、1ドル＝360円のIMF平価が設定された1953年創設の「オペレーター会」まで遡る。https://www.boj.or.jp/research/wps_rev/mkr/data/kmr04j02.pdf
107 同委員会のHPは以下の通り。http://www.fxcomtky.com/
108 金融市場に関する理解を深めるための材料提供を目的として、日本銀行金融市場局が編集・発行しているもの
109 CLS（Continuous Linked Settlement）。外為取引においては、各国間の時差などのために売渡通貨を支払ったにもかかわらず、相手方が支払不能に陥ることにより買入通貨を受け取れないリスクがある。そこで、各国間の時差などから生じる外為決済リスクの削減を目指して2002年9月にがクロスボーダーの多通貨決済システムとして導入された。CLSは、2通貨の決済を行う際に、一方の通貨の支払が可能な場合に限り、他方の通貨の支払を行うという、同リスクを回避するための仕組みとしてPVP決済（2通貨条件付決済）を採用した。
110 NDF（Non-Deliverable Forward）。NDF取引では、為替先物取引における元本を直接取引するのではなく、あらかじめ決められた取引価格（NDF価格）と決済時の実勢価格との差額を米ドルなどの主要通貨で差金決済する。CFD（Contract For Difference）が金利スワップ取引で行われる差金決済と同様、資金を交換する際の差額精算を用いて決済リスク軽減を図る取引行為。
111 巻末資料参照
112 北欧のノードプールで採用された地域間値差をヘッジする商品。Electric Price Area Difference のこと。日本の場合、システム価格とエリア価格の値差を対象に行うCFD（Contract for Difference）として適用することが考えられる。
113 2015年9月1日設置。一方で、ガス自由化を推進すべく、2016年4月1日には電力・ガス取引監視等委員会として発足。
114 卸電力市場活性化を図るため、旧一般電気事業者が表明した取り組み。①予備率8％、ないし最大電源相当を超える電源は市場投入する、②各断面で時間帯ごとに余力を判断し、原則全量投入する、③ただし、短期停止中の電源の入札については、起動時に必要な燃料費等の追加費用も勘案した上、限界費用ベースで行う。また、揚水発電の調整池容量、燃料の確保などにより、投入量に制約がかかることがあるといった内容が表明された。巻末資料参照。
115 第8回制度設計専門会合資料における『電源の確保上の課題』として紹介されている。
116 日本卸電力市場の設立が2005年であることを考えると"草創期"の表現は憚れるが、市場の活性化に関する現状を考えると、誤解を恐れず敢えて"草創期"と呼ばせて頂く。

鮫島隆太郎 さめしま・りゅうたろう

1984年、東京大学経済学部卒業後、日本興業銀行入行。ニューヨーク・東京の為替トレーディングを経て、オーストラリア・シドニーで金利デリバティブブックを運営。リスク管理モデルを作成し現地当局の申請に従事。帰国後、統合リスク管理部、みずほ第一フィナンシャルテクノロジーに在籍。その後、外資系システム会社を経て2011年にF-Power入社。現在、F-Power常務執行役員CRO。

実践 電力取引とリスク管理

2016年11月29日 第一刷発行
2021年 5月20日 第二刷発行

著　者	鮫島隆太郎
発行者	志賀正利
発行所	株式会社エネルギーフォーラム 〒104-0061 東京都中央区銀座5-13-3　電話 03-5565-3500
印刷所・製本所	中央精版印刷株式会社
ブックデザイン	エネルギーフォーラム デザイン室

定価はカバーに表示してあります。落丁・乱丁の場合は送料小社負担でお取り替えいたします。

©Ryutaro Sameshima 2016, Printed in Japan　ISBN978-4-88555-474-2